好想吃喔！燕麥的美味新吃法

有鹹有甜還有零食！怎麼都吃不膩的70道料理

朴泫柱 著

黃薇之 譯

從健康、美味的燕麥開始吧！

與任何食材都百搭，
健康又美味的燕麥料理

一輩子都在減肥加上體弱多病，這就是我的故事。開始步入職場後，因為嫌麻煩而餓肚子，常常隨便吃打發一餐，結果導致健康漸漸惡化同時還發胖。

起心動念要擺脫對於「飲食習慣」的壓力和焦慮，便下定決心要為了自己製作健康的料理。為了能夠真正實際執行，便開始了「一日一餐」的計畫，同時上傳到 SNS 留下紀錄。漸漸地，和我有相同想法的人越來越多，一起樂在其中並養成了好習慣。之後，為了能不斷地持續下去，我開始關注新的食材，以及各式各樣的料理方式，那時我遇見的就是燕麥。

2016 年我剛開始接觸燕麥時，當時在韓國還很少人認識燕麥，我自己翻遍了國外網站、影片、外文書籍，三天兩頭跑食品材料行，就為了鑽研燕麥。只要一有機會出國，就大肆購買各種包裝精美的燕麥，一旦出現了讓我感興趣的食譜，便不分晝夜地製作、品嚐再製作，原本從事時尚、美術教育的我，本來連料理的「料」字都不懂的我，竟也成為了燕麥的宣傳大使。

目前在線上料理料室，以「美味餐桌的幸福健康視吃食譜」為主題，介紹大家各式各樣的燕麥料理。以燕麥為基礎，加上滿滿的豆腐、番茄、蘋果、雞蛋、容易

取得的水果、蔬菜、堅果等,特色就是以最簡單的料理方式來製作。

起初課程學員以 20 ～ 30 歲、有減肥為目標的女性為多數,她們將課程中學到的燕麥料理分享給父母、孩子或朋友品嚐,因此建立了口碑。最近則是不分男女老少,各式各樣的人都有,因為孩子受過敏所苦,尋找不是麵粉製作的點心的媽媽們;為了上了年紀、消化差的父母來學習的子女;當然還有對於燕麥最感興趣的減肥人士以及想要維持身材的人。

也有那種剛開始有些不習慣,但自從迷上燕麥的香醇之後,原本長期受腹瀉或便秘所苦,吃了一陣子便舒緩了;或是這些燕麥料理實在太簡單了,作成功後感覺自己像是料理天才一般……這類的故事等等。我偶爾會懷疑「不會只有我覺得燕麥好吃吧?」但還好有學員們給予的鼓勵,促成了這本書的出版,我要藉此傳達我的謝意。

我的料理最核心的精神是「更健康」,而我覺得其中最符合的食材就是燕麥。不僅在營養上相當優秀,還像我們的主食米飯一樣,怎麼吃也吃不膩,無論加到哪裡,都很自然地融入其中,親和力相當高。對於想要過得更健康的人來說,是一種很好的食材。

為了讓好處多多的燕麥更受喜愛,我便著手準備了這本書。不只是對於剛開始接觸燕麥的人,甚至是想做出更多樣燕麥料理的人來說,希望這會是一本親切的燕麥指南。

最後,從對燕麥感興趣開始,從頭到尾和我一起共事的總編輯李素敏與 Recipe Factory 所有同仁,感謝你們。每次我有新的挑戰時,總是支持我不吝給我建議的父母,以及我的左右手弟弟妹妹賢貞、俊佑!

儘管難為情,我還是想說我愛你們。

還有,世界上所有喜愛維持健康過去一直陪伴著我,未來也會一起的 Instagram 朋友們!真的很感謝你們,Love myself!

各式各樣燕麥料理

在正式進入燕麥料理之前，先來認識一下燕麥料理有什麼種類吧？
下頁我將燕麥製作成一目了然的圖表。

料理	介紹	主食材	用途
 隔夜燕麥 P22	將燕麥泡入牛奶或優格中至少半天讓燕麥軟化。通常會再層層疊上水果、穀麥等各種材料一起品嚐。	燕麥、牛奶、水果、穀麥、優格等	早餐 甜點 點心 午餐便當
燕麥粥（Porridge）P50	在燕麥中加入牛奶、水煮成濃稠狀的料理。並添加水果、蔬菜、肉類等各種食材，冷熱品嚐皆適宜。	燕麥、牛奶、蔬菜、肉類、水果等	早餐 營養食品 斷食後的復食 甜點 點心
燕麥烘焙 P82	使用葡萄籽油代替奶油，完全不使用麵粉的燕麥烘焙，帶有香酥鬆軟的口感。	燕麥、葡萄籽油、牛奶、甜菊糖（或砂糖）等	早餐 甜點 點心 代餐
燕麥果昔碗 ＆燕麥拿鐵 P122	將燕麥和冷凍水果一起打碎，能舀著吃的燕麥果昔碗，以及比起一般拿鐵更扎實更有益健康的燕麥拿鐵。	燕麥、水果、牛奶等	早餐 點心 代餐
 燕麥奶油 ＆醬料 P140	用燕麥和堅果調出味道和濃度的香醇燕麥奶油，以及不同於用麵粉調出濃度的一般醬料，加入燕麥更健康、香濃的燕麥醬料	燕麥、堅果等	搭配各種料理

Contents

Intro

關於燕麥你要知道的事！

在認識家中就能製作的各式燕麥料理之前，
首先要正確理解是燕麥是什麼。
從燕麥的種類到優點，一起來看看吧？

-

什麼是燕麥？
燕麥的種類
燕麥料理常用的食材
燕麥的優點
燕麥 Q&A

-

什麼是燕麥？

　　帶有粗澀的口感，讓人對它喜好分明的一種穀物，在韓國雖然不是常見的食材，但卻被美國時事週刊雜誌選為十大超級食物之一，可以說是營養滿分的食材。

　　在韓國會將燕麥和其他穀物混在一起煮成飯，或是當成麵茶、麵包的材料；而在西方國家則是會將燕麥去殼、翻炒、蒸煮、輾壓之後，再加入各種料理中。

　　所謂的燕麥片（Oatmeal）就是把燕麥（Oat）壓扁或是磨碎後的產物。

燕麥的種類

根據去殼、磨碎、輾壓等不同的加工方式，燕麥片的種類也很多樣。此外，也會分別標示成燕麥片（Oatmeal）、燕麥（Oat）、燕麥粒（Oats）來販售。

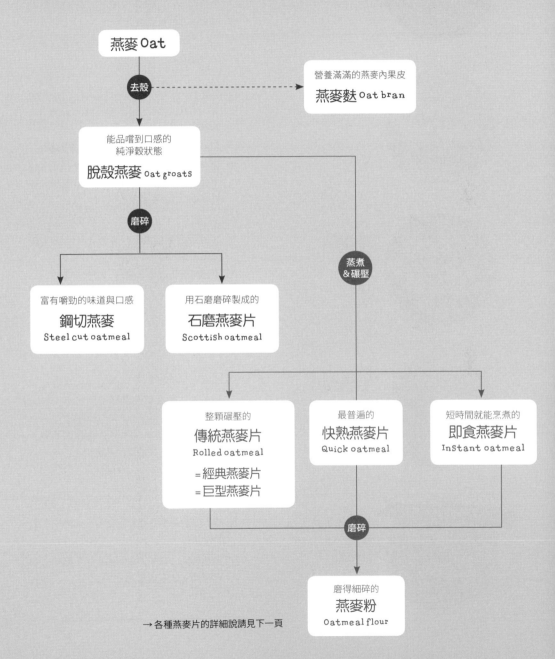

燕麥 Oat

去殼 → 營養滿滿的燕麥內果皮
燕麥麩 Oat bran

能品嚐到口感的
純淨穀狀態
脫殼燕麥 Oat groats

磨碎

富有嚼勁的味道與口感
鋼切燕麥
Steel cut oatmeal

用石磨磨碎製成的
石磨燕麥片
Scottish oatmeal

蒸煮
&碾壓

整顆碾壓的
傳統燕麥片
Rolled oatmeal
=經典燕麥片
=巨型燕麥片

最普遍的
快熟燕麥片
Quick oatmeal

短時間就能烹煮的
即食燕麥片
Instant oatmeal

磨碎

磨得細碎的
燕麥粉
Oatmeal flour

→ 各種燕麥片的詳細說請見下一頁

13

脫殼燕麥
Oat groats

- ☑ 僅脫去外殼，保留整顆燕麥的型態，簡單來說就是只有脫殼的純淨穀狀態。
- ☑ 在口中一顆顆爆裂的獨特口感，且非常富有嚼勁。
- ☑ 需要最長的烹調時間。
- ☑ 由於口感硬加上有豐富的養分，可以和米或其他穀物一起煮成飯。

燕麥麩
Oat bran

- ☑ 燕麥的內果皮，就像是把稻子的外殼去除後，將糙米搗成白米的過程中，分離出來的麩皮。
- ☑ 和一般燕麥片相比，有更多的膳食纖維。
- ☑ 即使磨成細粉，仍然保留粗糙的口感，常用來當成炸衣。適合加入果昔、麵包、隔夜燕麥、燕麥粥中。

鋼切燕麥
Steel cut oatmeal

- ☑ 將脫殼燕麥切成 2 ～ 3 等分，也稱作愛爾蘭燕麥（Irish Oats）。
- ☑ 烹調時間比脫殼燕麥短，口感富嚼勁。

石磨燕麥片
Scottish oatmeal

- ☑ 不是用刀子而是以石磨製成的燕麥片。由於是古時在蘇格蘭使用的方法，才以 Scottish 來命名。
- ☑ 雖然類似切成 2 ～ 3 等分的鋼切燕麥，但因爲是以石磨磨碎，外觀和大小不一。
- ☑ 和鋼切燕麥相比，口感較軟。

本書主要使用的燕麥

傳統燕麥片
Rolled oatmeal

= 經典燕麥片
Old fashioned oatmeal

= 巨型燕麥片
Jumbo oatmeal

- ☑ 經過滾筒碾壓、煮熟的過程，成爲扁平狀的燕麥片。
- ☑ 由積較大，且經過預熟的程序，能縮短烹煮時間，並富有嚼勁。

快熟燕麥片 ——————
Quick oatmeal

☑ 韓國最容易取得、最普遍的燕麥片。

☑ 能快速烹煮，口感較軟。

☑ 微波加熱 1～2 分鐘，口感會更有嚼勁。

即食燕麥片 ——————
Instant oatmeal

☑ 厚度最薄的燕麥片。和快熟燕麥片一樣，在短時間內就能調理完成。

☑ 加入牛奶、優格或熱水 1～2 分鐘後，就烹調完成，在韓國多以湯杯的形式包裝販賣。

☑ 通常會添加各種風味、鹽或糖，方便直接享用，缺點是不適合用來做成料理。

燕麥粉 ——————
Oatmeal flour

☑ 將燕麥片磨細的狀態。

☑ 加牛奶或水泡來喝，也可以代替麵粉做麵包。

☑ 燕麥粉可直接購買，也可以將大顆粒的燕麥片放入調理機磨碎使用。只是顆粒仍會比市售的燕麥粉大，請盡量磨細，並過篩後再使用。

＊燕麥粉的做法見 81 頁。

本書主要使用的燕麥

☑ 本書使用扁平狀的傳統燕麥片，食譜中標示燕麥片的地方，就是指傳統燕麥片。使用其他種類的燕麥時，會再另外註明。

☑ 傳統燕麥片的優點是能品嚐到一顆顆的口感，還能放入調理機中，做成燕麥粉。

＊燕麥粉的做法見 83 頁。

☑ 使用的傳統燕麥片購買時請選擇無添加其他風味、調味、香料的燕麥片（可透過網路購買）。

燕麥料理常用的食材

阿洛酮糖糖漿 ——
- ☑ 替代甜味料的一種，是存在於無花果、葡萄等食物中的甜味成分。甜味類似砂糖，但熱量低很多。
- ☑ 阿洛酮糖糖漿的原料果寡糖，能促進抑菌繁殖，也有助於排便。
- ☑ 也可以使用等量的楓糖醬、龍舌蘭糖漿、棗椰糖漿、果寡糖等來代替。

甜菊糖 ——
- ☑ 不影響血糖，常用來取代一般砂糖。
- ☑ 本書使用「NATVIA」「1：1Snow blossom」品牌的甜菊糖。不同品牌的味道、口甜度、清涼感都會有所差異，請依個人喜好選擇。
- ☑ 如果想更方便製作的話，可用等量的砂糖、木糖取代；若因為健康的緣故，不想使用砂糖，也可以混合等量的木糖和甜菊糖使用。

葡萄籽油 ——
- ☑ 優點是方便購買，香味不明顯。
- ☑ 燕麥烘焙（82頁）時不使用奶油，而是改用葡萄籽油來增添質感與濃度。
- ☑ 可用橄欖油、椰子油、葵花籽油、核桃油、酪梨油等代替，由於會增添不同的香氣，可依個人喜好來選擇。

低脂牛奶 ——
- ☑ 燕麥料理多少帶有乾澀的口感，加入牛奶可使質地變濕潤，或是增添濃度。
- ☑ 也可使用一般牛奶，隔夜燕麥（22頁）則建議選擇豆漿、香蕉牛奶、燕麥奶（124頁）等。

香蕉 ——
- ☑ 和燕麥搭配最能發揮加乘效果的食材。在燕麥料理中，能增添天然的甜味與滑順的口感。
- ☑ 建議使用還未變軟、熟度剛好的香蕉。

**奇亞籽、
大麻籽** ——
- ☑ 最具代表性的超級穀物奇亞籽和大麻籽。
- ☑ 奇亞籽碰到液體時，便會成凝膠狀（gel），能增加飽足感。兩者都無需事先處理，馬上就能使用，非常方便。
- ☑ 也可使用碎堅果或其他超級食物取代。

燕麥的優點

☑ 含有能促進生長期孩子發育所需的必需胺基酸與鈣質，因此在西方國家，常用來當成幼兒副食品的材料。

燕麥片含有豐富的水溶性膳食纖維 β－葡聚糖，能增強免疫力並抑制飯後血糖。

豐富的不飽和脂肪酸，能降低壞膽固醇，有效排出體內毒素與腸道中的糞便，有助於緩解便秘和排毒。

☑ 含有能消除活性氧的抗氧化成分，這也是為何保養品會使用燕麥的緣故。

☑ 燕麥進入人體後，會膨脹成兩倍以上的體積，能長久維持飽足感，特別推薦當成減肥餐食用。

☑ 燕麥大多無需特別的烹調方式，很適合用來備餐（Meal Prep）。

＊備餐（Meal Prep）餐點的 Meal 和準備 Preparation 合成語，意指事先準備好的餐點。

＊燕麥屬於穀物，碳水化合物含量高，過度攝取的話，反而會使體重增加，也可能造成腹瀉、腹痛等症狀，因此還是要適量食用。（了解燕麥攝取量 18 頁）

燕麥 Q/A

作者美味餐桌的線上學員與粉絲最常問的燕麥疑問！作者直接來回答。

Q 一天當中何時最適合吃燕麥？

不用訂定特別的時間，由於含有豐富的膳食纖維，可以在一天的開始當成早餐，此外，簡單地吃也能維持飽足感，也很適合用來替代晚餐，如果要當成晚餐的話，最好分量稍微減少爲佳。

Q 一天可以吃多少分量的燕麥呢？

如果是爲了減肥或改善飲食習慣的話，要注意的就是「該吃多少」。剛開始吃燕麥時，推薦一餐從 30g 開始，由於每個人對於飽足感的感受不同，再加以調整。如果一開始就吃太多，攝取過多的纖維質，可能會出現腹瀉的症狀，需要特別注意。之後，假使消化順暢、腸胃也沒有不適的話，再慢慢增加分量，但最多不要超過50g。

Q 未經烹調的燕麥片可以直接吃嗎？

經過蒸煮、碾壓過程的燕麥片，直接吃雖然沒什麼問題，但大顆粒、粗澀且沒有水分的燕麥片，其實並不容易吞嚥，因此，還是做成美味的料理再享用吧。

Q 燕麥料理是什麼味道呢？

帶有穀物本身的香味，但不太有特殊的香氣和味道。假使只吃燕麥的話，多少會有點淡而無味，但是換個方向來想，隨著加入的材料和料理的方式，就可能有數十、數百種的變化，加入巧克力就是巧克力風味，加入水果就成了水果風味。

Q 利用燕麥可以做出什麼料理呢？

燕麥根據不同的烹調方式，可以延伸出無窮無盡的變化。除了書中介紹的各式燕麥料理，還能代替煎餅粉做成煎餅；加入雞蛋、水混合，可以做成蒸蛋享用；甚至加入絞肉攪拌做成漢堡排等。試著將燕麥加入各種料理中，做成個人專屬的燕麥料理吧。

Q 可以使用超市或便利商店販售的燕麥來製作書中的料理嗎？

　　本書是使用未經調味、無添加其他風味、大顆粒的燕麥片，因此才能活用在各式料理中。而超市或便利商店販售的燕麥大多加了調味、香味等，只要加入牛奶或水直接吃就很美味，但不推薦料理使用。如果是剛開始接觸燕麥，想要嘗試一下，可以從超市或便利商店的簡便燕麥開始，不僅方便享用，也很美味。

＊認識燕麥種類以及書中使用的燕麥 13 ～ 15 頁

Q 燕麥是無麩質嗎？

　　麩質含不溶於水的蛋白質，可能會引起消化障礙、過敏、肥胖等問題，但目前仍有許多不同的觀點和看法。吃了麵粉製食品後消化不良的人，通常都會尋求無麩質的食物，目前燕麥中無麩質的產品，都會有 GF（Gluten Free）的標示，可供購買時作為參考，另外，無論有無麩質都不太會影響燕麥的味道。

Q 燕麥要如何保存呢？

　　燕麥通常都會一次購買大包裝，而需要長時間保存。雖然燕麥大部分是在室溫下販售，但購入拆封後，最好放入密封容器中保存，並且避開陽光直射或是濕氣重的地方，盡量置於陰涼處或冷藏、冷凍保存。

Q 燕麥和穀麥、木斯里有何差異？

　　燕麥、穀麥和木斯里（Muesli）是不一樣的。穀麥（Granola）是將各種穀物、燕麥片、果乾、堅果等一起放入烤箱烘烤而成。木斯里則是將未經蒸煮、壓得扁平的整顆燕麥，加入穀類、水果、果乾、堅果等，混合而成的一種穀物片（cereal）。市售的產品中，也有可能添加過多的糖分，請確認後再購買。

＊燕麥穀麥食譜 90 頁

計量和火侯

計量工具

- 利用量匙、量杯來計量時，量出的體積不等同於重量。
  也就是說，同樣等體積的一杯砂糖會比較輕，而大醬則比較重。

- 本書為了食譜的精準度，會適當地混用重量、體積來介紹。
  因此，為了計量重量要使用的電子秤，為了計量體積要用到的量匙、量杯都請備好。

量匙

1 小匙 5ml

1 大匙 15ml

- 食譜中標記 1 又 1/2 大匙時，先放入 1 大匙，再加入 1/2 大匙即可。

量杯

1 杯 200ml

- 市面上也有 1 杯 250ml 的量杯，請仔細確認。

電子秤

推薦使用電子秤，和數字刻度秤相比便利許多，還能測量出準確的分量。

少許

以計量工具難以測量出的極少量，意指拇指和食指輕輕抓起一撮的分量。

計量方法

燕麥片、堅果等顆粒狀材料

量杯＆量匙將食材壓實裝滿後，撥除上方多出來的部分。

水、牛奶、葡萄籽油等液體或油類材料

量杯放置平坦處，倒入後不要超過最邊緣的位置。
量匙盛裝時不要超過最邊緣的位置。

燕麥粉、鹽等粉狀材料

量杯放置平坦處，鬆鬆地盛裝無需壓實，再將上方抹平。
量匙鬆鬆地盛裝無需壓實，再將上方抹平。

番茄糊、大醬等濃稠的材料

量杯＆量匙
將量杯稍微敲打桌面，消除材料間的空隙並裝滿後，再將上方抹平。

用量匙計量出 1/2 大匙、1/2 小匙

粉末或濃稠狀的材料

裝滿 1 大匙或 1 小匙後，參照圖片將材料推往一側，只留下所需的分量。

液體或油類材料

大部分的量匙中間會有刻線，這便是 1/2 分量處，請以刻線為基準來調整。

火候

以瓦斯爐為基準，調整火力和鍋子（平底鍋）鍋底間的間隔。

• 書中以瓦斯爐為基準來介紹火候。不過，假使使用的是電磁爐，加上每個人家中的火力、鍋子或平底鍋的不同，火候也會有不同的情況。因此，便盡可能地同時標示了時間、狀態等。

火力與鍋子間的距離非常重要！

• 大火　　火苗完全接觸到鍋底的程度
• 中火　　火苗和鍋底間大約間隔 0.5cm
• 中小火　在小火和中火之間
• 小火　　火苗和鍋底間大約間隔 1cm

Chapter 1

燕麥的基本作法
隔夜燕麥

☑ 早餐　　☑ 甜點　　☑ 點心　　☑ 午餐便當

隔夜燕麥（Overnight oatmeal）是將燕麥泡入牛奶或優格中至少半天，
讓燕麥軟化，通常會再層層疊上水果、穀麥等各種材料一起品嚐。
大部分的人會在睡前先做好，早上醒來再當成早餐享用，
因此稱作「隔夜燕麥」。
由於是最普遍且簡單的燕麥應用料理，是許多人接觸燕麥的入門。
忙碌的早晨，無需在爐火前烹煮，就有一餐營養充分，
甚至連外觀都很漂亮的隔夜燕麥！

「隔夜燕麥」推薦的燕麥

無論使用哪一種壓扁的燕麥都無妨，但由於口感的差異，建議依個人喜好來選擇。
使用傳統大燕麥片的話，會有柔軟且有嚼勁的口感，
使用小顆粒的快熟燕麥片的話，能做出濃稠的麵糊型態，可以品嚐到更加柔滑的風味。
* 認識燕麥種類 13 ～ 15 頁／本章使用傳統燕麥片。

製作「隔夜燕麥」時，要先知道的事

1— 燕麥浸泡的時間請參考食譜，可依個人喜好調整。浸泡的時間越長，口感越滑順，縮短的話，則能品嚐到稠密的口感。

2— 配料請依個人喜好選擇，再調整分量即可。可將配料和燕麥片一起浸泡，但如果想保留堅果和穀麥的酥脆，或是水果的鮮度，推薦食用前再加上。

3— 隔夜燕麥的主材料之一低脂牛奶或希臘優格（或是可以舀著吃的固態原味優格），同樣也可依個人喜好，換成豆漿、香蕉牛奶、燕麥奶（124頁），分量也可調整。

4— 推薦使用附有蓋子的長型玻璃密封罐來製作，不但可以直接將前夜製作好的帶出門當成便當享用，還能層層疊出漂亮的外觀，讓視覺更享受。

5— 超級食物之一的奇亞籽、大麻籽，無需事先處理，只要加入就有香醇風味與營養，口感也變得更豐富。

6— 雖然有食譜但不一定完全照著做，要用什麼順序放入密封罐中，用什麼組合來混搭，可任意做出屬於自己的隔夜燕麥。

配料 藍莓、檸檬皮（將檸檬皮黃色的部分削下再切成細屑）

融合兩種水果的輕爽風味

藍莓檸檬隔夜燕麥

1 人份

5 ～ 10 分鐘
（＋浸泡 6 小時以上）

- 燕麥片 30g
- 藍莓 50g（約 1/2 杯）
- 低脂牛奶 80ml
- 阿洛酮糖糖漿 1/2 ～ 1 大匙
- 檸檬汁 1 大匙
- 大麻籽 1/2 小匙
- 希臘優格 50 ～ 60g（或固態原味優格）

推薦這些配料！
- 堅果類
- 水果
- 檸檬皮
- 燕麥奶酥（84 頁）
- 燕麥穀麥（90 頁）

1　將燕麥片、藍莓、低脂牛奶、阿洛酮糖糖漿、檸檬汁、大麻籽放入密封罐中並混合。

2　在①中加上希臘優格。

3　放入冰箱冷藏浸泡 6 小時以上，再加入想要的配料混合品嚐。

Tip

以冷凍藍莓替代藍莓，也可使用等量（50g）的冷凍藍莓來取代，
不過，冷凍藍莓在融化時會產生水分，使燕麥片變稀，低脂牛奶
的分量就需減少 1 ～ 2 大匙。

＊大麻籽
一種超級穀物，無需事先處理，
馬上就能加入料理中，帶有特別
的香氣。

配料　藍莓醬、燕麥穀麥

* 楓糖漿
從楓樹的樹液中採集出
帶有甜味的糖漿。

散發高級感的隱隱紅茶香氣

伯爵茶隔夜燕麥

 1人份

 5～10分鐘
（＋浸泡6小時以上）

· 燕麥片 30g
· 低脂牛奶 80ml
· 伯爵茶包 1個（或其他茶包）
· 杏仁片 5～10g
· 楓糖漿 1/2 大匙（或阿洛酮糖糖漿）
· 肉桂粉少許

推薦這些配料！
· 堅果類
· 果乾
· 果醬
· 燕麥奶酥（84頁）
· 燕麥穀麥（90頁）

1 將低脂牛奶倒入耐熱容器中，放入微波
爐加熱 30～40 秒。

2 將伯爵茶包放入①中，浸泡 2 分鐘後，
將茶包取出。

3 將燕麥片、杏仁片、楓糖漿、肉桂粉加
入②中，混合後倒入密封罐中。

4 放入冰箱冷藏浸泡 6 小時以上，再加入
想要的配料混合品嚐。

同時擁有清爽和香甜的

瑞可塔起司無花果隔夜燕麥

1人份

5～10 分鐘
（＋浸泡6小時以上）

配料 燕麥穀麥、堅果、無花果乾、椰子絲

* 椰子絲
將椰肉加工成細長的絲狀,用來增添異國風味與口感,推薦無糖製品。

* 瑞可塔起司
純白色的起司,柔順且帶有清爽風味。

- 燕麥片 30g
- 無花果乾 2 個
- 瑞可塔起司 1 大匙
- 低脂牛奶 1/2 杯（100ml）
- 阿洛酮糖糖漿 1/2 大匙
- 奇亞籽 1/2 小匙
- 肉桂粉少許（可省略）

推薦這些配料!

- 無花果乾
- 堅果類
- 椰子絲
- 燕麥奶酥（84 頁）
- 燕麥穀麥（90 頁）

1　將無花果乾切碎。

2　將燕麥片、瑞可塔起司、低脂牛奶、阿洛酮糖糖漿、奇亞籽、肉桂粉、切碎的無花果乾加入密封罐中混合。

3　放入冰箱冷藏浸泡 6 小時以上,再加入想要的配料混合品嚐。

Tip 以新鮮無花果替代無花果乾
也可以用 2 個新鮮無花果來代替無花果乾,不過,新鮮無花果的水分比無花果乾多,低脂牛奶的分量就需減少 1～2 大匙。

29

配料　椰子片、燕麥穀麥

在家享用的東南亞風味

熱帶水果隔夜燕麥

1人份　　5～10分鐘
（＋浸泡6小時以上）

- 燕麥片 30g
- 鳳梨＋芒果 60g
- 椰奶 1/4 杯（50ml）
- 低脂牛奶 1/4 杯（50ml）
- 奇亞籽 1/2 小匙
- 阿洛酮糖糖漿 1/2 大匙

推薦這些配料！
- 堅果類
- 椰子片
- 大麻籽
- 燕麥穀麥（90 頁）

1　將鳳梨、芒果切成適口大小。

2　將燕麥片、椰奶、低脂牛奶加入密封罐中混合。
　　* 也可省略低脂牛奶，將椰奶增加 1/2 杯（100ml）。

3　將奇亞籽、阿洛酮糖糖漿加入②中混合，再放上鳳梨和芒果。

4　放入冰箱冷藏浸泡 6 小時以上，最後加入想要的配料混合品嚐。

Tip　替代鳳梨、芒果
也可使用等量（60g）的冷凍水果或其他水果替代。

* 奇亞籽
超級穀物的一種，碰到液體時，便會成凝膠狀，能增加飽足感。

* 椰奶
從椰子果肉中萃取出柔順如同牛奶般的液體，主要加入咖哩中來增添風味。

31

獻給溫柔而甜蜜的早晨

紅柿隔夜燕麥

1 人份　　5～10 分鐘
（＋浸泡6小時以上）

- 燕麥片 30g
- 軟柿 1 顆（處理後 60g）
- 低脂牛奶 80ml
- 阿洛酮糖糖漿 1/2 大匙
- 奇亞籽 1/2 小匙
- 希臘優格 50 ～ 60g（或固態原味優格）
- 南瓜籽 1 小匙（或其他堅果類）

推薦這些配料！

- 堅果類
- 果乾
- 椰子絲
- 燕麥奶酥（84 頁）
- 燕麥穀麥（90 頁）

1 將軟紅柿去皮、去籽後，放入密封罐中壓碎。

2 取另一個碗，放入燕麥片、低脂牛奶、阿洛酮糖糖漿、奇亞籽、南瓜籽混合後，再倒入①中。

3 放上希臘優格後，放入冰箱冷藏浸泡 6 小時以上，再加入想要的配料混合品嚐。

Tip 以冷凍紅柿替代新鮮軟柿

也可使用等量（60g）的冷凍紅柿來取代，不過，冷凍紅柿在融化時會產生水分，使燕麥片變稀，低脂牛奶的分量就需減少 1 ～ 2 大匙。

匯集了所有水果的清爽

奇異果蘋果隔夜燕麥

1 人份　　5～10 分鐘
（＋浸泡6小時以上）

- 燕麥片 30g
- 奇異果 1 顆（90g）
- 蘋果 1/4 顆（50g）
- 蘋果汁 1/2 杯（100ml）
- 阿洛酮糖糖漿 1/2 大匙（可省略）
- 奇亞籽 1/2 小匙
- 希臘優格 50 ～ 60g（或固態原味優格）

推薦這些配料！

- 堅果類
- 果乾
- 燕麥奶酥（84 頁）
- 燕麥穀麥（90 頁）

1 將奇異果、蘋果切成適口大小。
　* 蘋果事先切好的話，會氧化變色，建議品嚐前切塊後再加入。

2 將燕麥片、蘋果汁、阿洛酮糖糖漿、奇亞籽加入密封罐中混合。

3 放上希臘優格、奇異果、蘋果後，放入冰箱冷藏浸泡 6 小時以上，再加入想要的配料混合品嚐。

Tip

也可使用等量（140g）其他水果替代奇異果、蘋果。

紅柿隔夜燕麥

配料 蔓越梅乾、南瓜籽

奇異果蘋果隔夜燕麥

配料 燕麥奶酥

糖漬檸檬隔夜燕麥

配料 檸檬、希臘優格、奇亞籽

糖漬蘋果隔夜燕麥

配料 蘋果、杏仁片

糖漬葡萄柚隔夜燕麥

配料 大麻籽、燕麥穀麥

加入不同的糖漬水果變化出多種風味

糖漬水果隔夜燕麥

 1人份

 5～10分鐘
（＋浸泡6小時以上）

- 燕麥片 30g
- 糖漬水果 1～2 大匙（或果醬，可依個人喜好加減）
- 低脂牛奶 70ml
- 大麻籽 1/2 小匙
- 奇亞籽 1/4 小匙

推薦這些配料！
- 水果
- 堅果類
- 希臘優格（或固態原味優格）
- 大麻籽或奇亞籽
- 燕麥奶酥（84 頁）
- 燕麥穀麥（90 頁）

1　將除了配料的所有食材加入密封罐中混合。

2　放入冰箱冷藏浸泡 6 小時以上，再加入想要的配料混合品嚐。

Tip 只使用大麻籽或奇亞籽其中一種也無妨，此時總分量為 1 小匙。

＊糖漬水果

將水果和砂糖一起醃漬的成品，也很容易在超市或百貨公司購得。圖為糖漬葡萄柚。

地瓜芒果隔夜燕麥

地瓜派隔夜燕麥

配料 胡桃、蘋果

不用麵粉也能品嚐到地瓜派的風味

地瓜派隔夜燕麥

1人份　　10～15分鐘
（＋浸泡6小時以上）

- 燕麥片 30g
- 低脂牛奶 1/2 杯（100ml）
- 煮熟的地瓜 50g
- 蘋果 1/4 顆（30g）
- 肉桂粉 1/4 小匙
- 希臘優格 50～60g（或固態原味優格）
- 阿洛酮糖糖漿 1/2 大匙（可依個人喜好加減）
- 切碎的胡桃2個（或其他切碎的堅果類）

推薦這些配料！

- 堅果類
- 蘋果（或其他水果）

1　將煮熟的地瓜放入碗中壓碎，蘋果切成細絲。
　　* 蘋果事先切好的話，會氧化變色，建議品嚐前再切。

2　取另一個碗，放入燕麥片、低脂牛奶、肉桂粉、阿洛酮糖糖漿、切碎的胡桃混合。

3　依序將壓碎的地瓜→②→希臘優格→蘋果絲放入密封罐中。

4　放入冰箱冷藏浸泡 6 小時以上，再加入想要的配料混合品嚐。

Tip 煮熟地瓜

將洗淨的地瓜切成適口大小，放入耐熱容器（或保鮮袋）中，微波加熱 4～5 分鐘，使地瓜熟透變軟。

當成一餐也很有飽足感

地瓜芒果隔夜燕麥

1人份　　10～15 分鐘
（＋浸泡6小時以上）

- 燕麥片 30g
- 煮熟的地瓜 50g
- 芒果 30g（或冷凍芒果、冷凍蘋果芒果）
- 低脂牛奶 1/2 杯（100ml）
- 希臘優格 50～60g（或固態原味優格）
- 阿洛酮糖糖漿 1/2 大匙（可依個人喜好加減）
- 大麻籽 1/4 小匙（或奇亞籽）

推薦這些配料！

- 堅果類
- 果乾

1　將煮熟的地瓜放入碗中壓碎，芒果切成適口大小。

2　取另一個碗，放入燕麥片、低脂牛奶、阿洛酮糖糖漿、大麻籽混合。

3　依序將壓碎的地瓜→②→希臘優格→芒果放入密封罐中。

4　放入冰箱冷藏浸泡 6 小時以上，再加入想要的配料混合品嚐。

Tip 挑選地瓜

地瓜品種有很多種，像是綿密口感的栗子地瓜、鬆軟香甜的南瓜地瓜等，，其味道與口感也有多種樣貌。

能健康品嚐的甜點時光

草莓起司蛋糕隔夜燕麥

配料 希臘優格、草莓、杏仁片

1 人份　　5 ～ 10 分鐘
　　　　　（＋浸泡6小時以上）

- 燕麥片 30g
- 草莓果醬（或其他果醬）30g
- 希臘優格 50 ～ 60g（或固態原味優格）
- 低脂牛奶 80ml
- 檸檬汁 1/2 大匙
- 奇亞籽 1 小匙
- 奶油乳酪 1 ～ 2 大匙

推薦這些配料！

- 水果
- 堅果類
- 希臘優格（或固態原味優格）
- 大麻籽或奇亞籽
- 燕麥奶酥（84 頁）
- 燕麥穀麥（90 頁）

1　將除了草莓果醬的所有食材加入密封罐中混合。

2　放入冰箱冷藏浸泡 6 小時以上，再放上草莓果醬，
　　加入想要的配料混合品嚐。

Tip 以新鮮草莓替代草莓果醬

也可以使用切成小塊的新鮮草莓50g 取代，不過，其他食材請
參照以下稍作變更。

燕麥片 30g、低脂牛奶 60ml、切小塊的草莓 50g、檸檬汁 1/2
大匙、阿洛酮糖糖漿1大匙、奶油乳酪1～2大匙、奇亞籽1大匙。

配料 杏仁、燕麥穀麥、綠茶粉

* 綠茶粉

將炒過的綠茶葉磨成細粉，廣泛使用於茶飲、冰淇淋、烘焙中。

將微苦綠茶做成甜品享用

綠茶香蕉隔夜燕麥

 1 人份　 5 ～ 10 分鐘（＋浸泡 6 小時以上）

· 燕麥片 30g
· 香蕉 1 根（熟度剛好，100g）
· 低脂牛奶 1/2 杯（100ml）
· 綠茶粉 1/2 大匙
· 阿洛酮糖糖漿 1/2 大匙
· 奇亞籽 1/4 小匙（可省略）
· 大麻籽 1 小匙（可省略）

推薦這些配料！

· 堅果類
· 綠茶粉
· 希臘優格（或固態原味優格）
· 燕麥奶酥（84 頁）
· 燕麥穀麥（90 頁）

1 將 1/2 根的香蕉壓碎，另外 1/2 根切小塊。

2 將①壓碎的香蕉、燕麥片、低脂牛奶、綠茶粉、阿洛酮糖糖漿放入密封罐中混合，接著加入奇亞籽、大麻籽，再混合一次。

3 放上①切成小塊的香蕉後，放入冰箱冷藏浸泡 6 小時以上，再加入想要的配料混合品嚐。

Tip

奇亞籽具有吸收水分的特性，因此低脂牛奶的分量要多一些，如果要省略奇亞籽，低脂牛奶的分量就需減少 1～ 2 大匙。

隱隱咖啡香氣加上咀嚼的樂趣

摩卡隔夜燕麥

1 人份　　5～10 分鐘
（＋浸泡 6 小時以上）

- 燕麥片 30g
- 即溶咖啡粉 2g
- 熱水 1/2 大匙
- 低脂牛奶 80ml
- 阿洛酮糖糖漿 1 大匙
- 無糖可可粉 1/2 大匙
- 可可粒 1 小匙

推薦這些配料！

- 切碎的黑巧克力
- 堅果類
- 希臘優格（或固態原味優格）
- 燕麥奶酥（84 頁）
- 燕麥穀麥（90 頁）

1　將熱水、咖啡粉加入密封罐中，攪拌至溶化。

2　將低脂牛奶、阿洛酮糖糖漿、無糖可可粉、可可粒放入①中混合，接著加入燕麥片再混合一次。

3　放入冰箱冷藏浸泡 6 小時以上，再加入想要的配料混合品嚐。

Tip

也可使用等量（1/2 大匙）的一般可可粉來取代，不過，一般可可粉由於加了糖，可依個人喜好調整可可粉的分量。

＊無糖可可粉
無添加糖份，帶點
苦味的可可粉。

配料 切碎的黑巧克力、燕麥奶酥、燕麥穀麥、南瓜籽

43

配料　草莓、花生醬、切碎的黑巧克力

不會失敗的美味

花生醬巧克力隔夜燕麥

1 人份　　5 ～ 10 分鐘
（＋浸泡 6 小時以上）

- 燕麥片 30g
- 低脂牛奶 80ml
- 阿洛酮糖糖漿 1/2 大匙（可依個人喜好加減）
- 花生醬 1/2 ～ 1 大匙
- 無糖可可粉 1/2 大匙

推薦這些配料！

- 水果（草莓、香蕉等）
- 堅果類
- 切碎的黑巧克力
- 希臘優格（或固態原味優格）
- 燕麥奶酥（84 頁）
- 燕麥穀麥（90 頁）

1 將燕麥片、低脂牛奶、阿洛酮糖糖漿加入密封罐中混合。

2 將花生醬、無糖可可粉放入 1 中混合。

3 放入冰箱冷藏浸泡 6 小時以上，再加入想要的配料混合品嚐。

Tip 以一般可可粉替代無糖可可粉

也可使用等量（1/2 大匙）的一般可可粉來取代，不過，一般可可粉由於加了糖，可依個人喜好調整可可粉的分量。

將花生磨碎製成的抹醬，建議選用無添加物、以 100% 花生製成的產品。

在特別的日子裡，也可以當作蛋糕

提拉米蘇隔夜燕麥

 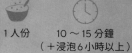
1 人份　　10 ～ 15 分鐘
　　　　（＋浸泡6小時以上）

配料　可可粉

＊可可粒

可可豆經乾燥、發酵、烘炒後，並去除果皮的產物，帶有特殊的微苦味與香氣。

＊淡馬斯卡彭奶霜

- 燕麥片 30g
- 香蕉 1/2 根（50g）
- 熱水 80ml
- 卽溶咖啡粉 2g
- 阿洛酮糖糖漿 1/2 大匙
- 可可粒 1/2 小匙

淡馬斯卡彭奶霜
- 馬斯卡彭起司（或奶油乳酪）1/2 大匙
- 固態原味優格 1 大匙
- 阿洛酮糖糖漿 1/2 大匙

推薦這些配料！
- 堅果類
- 水果
- 可可粉

1　將香蕉切成薄薄的圓片。

2　將熱水、咖啡粉倒入碗中，攪拌溶化。

3　將燕麥片、阿洛酮糖糖漿、可可粒加入②的碗中混合。

4　依序將一半分量的③→一半分量的香蕉放入密封罐中，再重複一次相同的步驟。

5　將淡馬斯卡彭奶霜混合拌勻後，放在④的上面，放入冰箱冷藏浸泡 6 小時以上。

6　再加入想要的配料混合品嚐。

Q 彈 Q 彈的大人口味

糯米糕風味隔夜燕麥

1 人份

5～10 分鐘
（＋浸泡6小時以上）

配料　燕麥穀麥、羊羹

- 燕麥片 30g
- 羊羹 20～30g
- 炒黃豆粉 1/2 大匙
- 低脂牛奶 80ml
- 希臘優格 50～60g（或固態原味優格）
- 草莓果醬 1～2 大匙（或其他果醬）
- 堅果 1～2 大匙
- 阿洛酮糖糖漿 1/2 大匙（可依個人喜好加減）

推薦這些配料！

- 羊羹
- 燕麥奶酥（84 頁）
- 燕麥穀麥（90 頁）

1　將羊羹切小塊。

2　將除了希臘優格、草莓果醬以外的材料加入密
　　封罐中混合，再放上希臘優格、草莓醬。

3　放入冰箱冷藏浸泡 6 小時以上，再加入想要的
　　配料混合品嚐。

* 炒黃豆粉
香氣比生黃豆粉要來
得更濃郁。

Tip
也可使用等量（1/2 大匙）的麵茶粉取代，假使麵茶粉有加
糖的話，請再調整分量。

Chapter 2

魅力滿分、煮過再品嚐的燕麥粥

☑早餐　　☑營養食品　　☑斷食後的復食　　☑甜點　　☑點心

在燕麥片中加入牛奶或水，然後再煮得稠稠的料理，就是燕麥粥（Porridge）。
由於味道、口感和烹調法類似於我所說的「粥」，當然也合我們的胃口。
為了增加親切感，本書便用粥來標示。

燕麥粥中可依個人喜好，任意加入各種食材，
根據材料的不同，可分為甜味（52～65頁），
以及鹹味（66～81頁）的粥。

和一般利用米粒製作的粥相比，使用輾壓的燕麥片會來得更簡單、快速，
再加上豐富的膳食纖維，非常推薦給男女老少各個族群。

如果是要給孩童吃的營養食品或斷食後的復食，「燕麥粥」的燕麥選擇口感較軟的產品為佳。這種時候便推薦顆粒小的快熟燕麥片。

不是特殊情況的話，可以使用傳統燕麥片，因為煮過依然保留了口感，有咀嚼的樂趣，當然也可以依個人喜好來選擇。

製作「燕麥粥（Porridge）」時，要先知道的事

1－ 本書所介紹的食譜是使用低脂牛奶和水，可依喜好只使用一種或自由調整比例。不過，水量增加的話，可能會讓味道變淡，請再用鹽調味。

　　＊牛奶的分量增加的話，味道更香醇、口感更滑順。

　　＊水量增加的話，味道清淡且呈現食材原本味道。

2－ 燕麥粥煮好後，擺放的時間越久，燕麥很容易就會吸水再漲開，因此，最好在品嚐前再製作。

3－ 冷藏保存2～3天。冷藏後可以直接冷冷的吃，或是重新加熱後再品嚐。如果保存時變得太濃稠的話，可以加牛奶或水，調整成想要的濃度再食用。

* 奇亞籽
超級穀物的一種,碰到液體時,便
會成凝膠狀,能增加飽足感。

隨手可得的食材就能做的

肉桂燕麥粥

1 人份　20 ～ 25 分鐘　冷藏 2 ～ 3 天

· 燕麥片 30g
· 低脂牛奶＋水混合 3/4 杯（150ml,
  依喜好調整比例）
· 阿洛酮糖糖漿 1/2 大匙（可依喜好加
  減或省略）
· 奇亞籽 1/4 小匙
· 大麻籽 1/4 小匙

肉桂燕麥醬（冷藏保存 3 日）

· 燕麥粉 1 小匙（83 頁）
· 低脂牛奶 1/4 杯（50ml,或水）
· 肉桂粉 1 小匙
· 阿洛酮糖糖漿 1 ～ 2 大匙
· 鹽少許

淡奶霜

· 希臘優格 50g（或固態原味優格）
· 奶油乳酪 1/2 大匙
· 阿洛酮糖糖漿 1/4 大匙（可依喜好加
  減或省略）

推薦這些配料!

· 堅果類
· 果乾

1 將肉桂燕麥醬材料中的燕麥粉、一半的低脂
　牛奶、肉桂粉放入鍋中,用攪拌器混合均勻
　後,以中火加熱。

2 煮滾後,放入剩餘的低脂牛奶、阿洛酮糖糖
　漿和鹽。

3 再煮滾後轉成小火,邊攪拌邊煮至黏稠狀
　態,約 3 ～ 5 分鐘後,舀起備用。

4 將鍋子洗淨後,加入低脂牛奶＋水,用大火
　煮滾,放入燕麥片,再轉成中小火。

5 放入阿洛酮糖糖漿、奇亞籽、大麻籽,攪拌
　5 ～ 8 分鐘,煮到變濃稠為止。

6 盛入碗裡後,放上③的肉桂燕麥醬、淡奶
　霜,再加入想要的配料混合品嚐。

Tip 肉桂燕麥醬的運用
和一般果醬相比,肉桂燕麥醬較為黏稠,想要稀一點品
嚐的話,可在食用前加少許牛奶調整濃度。可以抹在清
淡的麵包或餅乾上,或和固態原味優格攪拌品嚐。

口感營養兼具很適合孩童的
酪梨香蕉燕麥粥

1 人份　　20 ～ 25 分鐘　　冷藏 2 ～ 3 天

- 燕麥片 30g
- 酪梨 1/2 顆（處理後 50g，或冷凍酪梨）
- 香蕉 1/2 根（50g）
- 低脂牛奶＋水混合 3/4 杯（150ml，依喜好調整比例）
- 阿洛酮糖糖漿 1/2 大匙（可依喜好加減或省略）
- 楓糖漿 1/2 大匙
- 鹽少許
- 大麻籽 1/4 小匙

推薦這些配料！

- 酪梨
- 堅果類
- 果乾
- 大麻籽
- 燕麥穀麥（90 頁）

1 以酪梨籽為中心，用刀子劃一圈後，用手抓住兩側旋轉剝開，將籽取出，把果肉挖出後，和香蕉一起壓碎。

2 將低脂牛奶＋水、燕麥片、鹽加入鍋中，先以大火煮滾，再轉成小火。

3 加入酪梨、香蕉、楓糖漿攪拌 5 ～ 7 分鐘，煮到變濃稠為止，再加入想要的配料混合品嚐。

配料　酪梨、杏仁片、腰果、蔓越梅乾、大麻籽

配料 胡桃、杏仁、蔓越梅乾

1 人份　20 ～ 25 分鐘　冷藏 2 ～ 3 天

完美融合了肉桂隱約的香氣、堅果與胡蘿蔔的口感

胡蘿蔔肉桂燕麥粥

- 燕麥片 30g
- 胡蘿蔔 1/4 根（50g）
- 香蕉 1/2 根（50g，可省略）
- 低脂牛奶＋水混合 3/4 杯（150ml，依喜好調整比例）
- 阿洛酮糖糖漿 1/2 大匙（可依喜好加減）
- 肉桂粉 1/2 小匙
- 奶油乳酪 1/2 大匙（可依喜好加減）
- 切碎的胡桃 1 ～ 2 大匙（或其他堅果類）
- 葡萄乾 1 大匙（或其他果乾）
- 鹽少許

推薦這些配料！

- 堅果類
- 果乾
- 希臘優格（或固態原味優格）
- 燕麥奶酥（84 頁）
- 燕麥穀麥（90 頁）

1　將胡蘿蔔切絲，香蕉壓碎。

2　將低脂牛奶＋水倒入鍋中，以大火煮滾後，放入胡蘿蔔煮至半熟的狀態，約 3 ～ 4 分鐘。

3　將燕麥片、香蕉、阿洛酮糖糖漿、肉桂粉、奶油乳酪、鹽加入②中，先以大火煮滾，再轉成中火。

4　放入胡桃、葡萄乾，邊煮邊攪拌 6 ～ 8 分鐘，直到變濃稠為止。

5　盛入碗裡後，加入想要的配料混合品嚐。

Tip

將完成的胡蘿蔔肉桂燕麥粥冷藏後享用，能品嚐到不同的口感和味道。

配料 蘋果、蔓越梅乾、藍莓乾、胡桃

香濃肉桂與清爽蘋果的組合

糖煮蘋果燕麥粥

1 人份　　20～25 分鐘　　冷藏 2～3 天

- 燕麥片 30g
- 低脂牛奶＋水混合 3/4 杯（150ml，依喜好調整比例）
- 奇亞籽 1/4 小匙
- 大麻籽 1/4 小匙

糖煮蘋果
- 蘋果 1/2 顆（100g）
- 椰子油 1 小匙
- 堅果 2 大匙（可省略）
- 肉桂粉 1 小匙
- 阿洛酮糖糖漿 1 大匙（可依喜好加減或省略）
- 檸檬汁 1/2 小匙（可省略）
- 鹽少許

推薦這些配料！
- 蘋果
- 堅果類
- 果乾
- 花生醬
- 希臘優格（或固態原味優格）
- 燕麥奶酥（84 頁）

1 將糖煮蘋果材料中的蘋果切成適口大小。

2 將蘋果、椰子油、堅果放入鍋中，蓋上鍋蓋，以中火燉煮至蘋果變軟，中間不時攪拌，約煮 5～7 分鐘。

3 放入肉桂粉、阿洛酮糖糖漿、檸檬汁、鹽，打開鍋蓋讓水分蒸發，邊煮攪拌 2～5 分鐘後，舀起備用。

4 再將燕麥片、低脂牛奶＋水、奇亞籽、大麻籽、放入鍋中，先以大火煮滾後，轉成中火，一邊攪拌 6～8 分鐘，直到變成濃稠的狀態。

5 盛入碗中，放上③的糖煮蘋果，再加入想要的配料混合品嚐。

Tip

也有無需另外製作糖煮蘋果，全部一起烹調的簡單作法。進行到步驟 3 後，不用將糖煮蘋果另外盛裝起來，直接進行步驟 4。不過，這種烹調方式可能會降低蘋果的清脆口感。

＊椰子油
從椰子果肉中萃取出的油脂，帶有特殊的香氣。特色是在低溫的狀態下，會變成不透明白色，溫度上升後，又會變透明。

* 肉桂粉
將香辛料肉桂磨成細粉，加入料理中，
會產生特殊的風味。

溫和又扎實的一餐

南瓜燕麥粥

1 人份　　15～20 分鐘　　冷藏 2～3 天

- 燕麥片 30g
- 低脂牛奶＋水混合 3/4 杯（150ml，
  依喜好調整比例）
- 煮熟的南瓜 70g（或馬鈴薯、地瓜）
- 阿洛酮糖糖漿 1/2 大匙（可依喜好加
  減或省略）
- 肉桂粉 1/2 ～ 1/4 小匙
- 鹽少許

推薦這些配料！

- 堅果類
- 果乾
- 希臘優格（或固態原味優格）
- 大麻籽

1　將煮熟的南瓜壓碎。

2　將低脂牛奶＋水倒入鍋中，以大火煮滾後轉
　　成中火，再加入①壓碎的南瓜、阿洛酮糖糖
　　漿、肉桂粉拌勻。

3　放入燕麥片一邊煮一邊攪拌約 5 ～ 10 分鐘，
　　直到變濃稠為止。

4　加鹽調味後，再加入想要的配料混合品嚐。

Tip 煮熟南瓜的方法

將洗淨的南瓜放入微波加熱 2 ～ 3 分鐘後，對半切開，用
湯匙將中間的籽挖出，再切成適口大小，放入耐熱容器（或
保鮮袋）中，微波加熱 4 ～ 5 分鐘，使南瓜熟透變軟。

60

配料 杏仁片、南瓜籽、大麻籽

紅豆燕麥粥
配料 杏仁片、地瓜乾

黑芝麻松子燕麥粥
配料 松子、黑芝麻

不輸傳統甜點的味道

紅豆燕麥粥

1 人份　15 ～ 20 分鐘　冷藏 2 ～ 3 天

- 燕麥片 30g
- 豆沙 50g
- 低脂牛奶＋水混合 3/4 杯（150ml，依喜好調整比例）
- 阿洛酮糖糖漿 1/2 大匙（可依喜好加減或省略）
- 切碎的胡桃 少許（或其他堅果類切碎）
- 鹽 1/8 小匙

綠茶奶霜（可省略）
- 希臘優格 50g（或固態原味優格）
- 奶油乳酪 1 大匙
- 阿洛酮糖糖漿 1/4 大匙
- 綠茶粉 1 ～ 2 小匙

推薦這些配料！
- 堅果類
- 地瓜乾

1 將低脂牛奶＋水倒入鍋中，以大火煮滾，再放入燕麥片、豆沙、阿洛酮糖糖漿、切碎的胡桃。

2 再煮滾後，轉中火邊煮邊攪拌約 5 ～ 8 分鐘，煮成濃稠狀，加鹽調味。

3 取另一個碗，放入綠茶奶霜的材料拌勻，再放在②上，加入想要的配料混合品嚐。

Tip

也可使用等量（50g）煮熟紅豆的或羊羹來取代。用紅豆替代時，阿洛酮糖糖漿要再增加 1/4 大匙；用羊羹替代時，將羊羹和 1/2 大匙的牛奶放入耐熱容器中，微波加熱變軟後再使用。

營養滿分的黑色食物

黑芝麻松子燕麥粥

1 人份　15 ～ 20 分鐘　冷藏 2 ～ 3 天

- 燕麥片 30g
- 磨碎的黑芝麻 1/2 大匙
- 松子 1/2 小匙（或其他堅果類）
- 大麻籽 1/4 小匙
- 無糖豆漿 1 包（或低脂牛奶，190ml）
- 阿洛酮糖糖漿 1/2 大匙（可依喜好加減或省略）
- 切碎的胡桃 少許（或其他堅果類切碎）
- 鹽少許

推薦這些配料！
- 堅果類
- 黑芝麻

1 將燕麥片、豆漿加入鍋中，以大火煮滾後，放入除了鹽以外的食材。

2 轉成中火，邊煮邊攪拌約 5 ～ 7 分鐘，直到變濃稠為止。

3 加鹽調味，加入想要的配料混合品嚐。

能感受濃郁栗子風味的
栗子燕麥粥

1 人份　20 ～ 25 分鐘　冷藏 2 ～ 3 天

- 燕麥片 30g
- 低脂牛奶＋水混合 3/4 杯（150ml，依喜好調整比例）
- 奶油乳酪 1/2 大匙
- 鹽 1/8 小匙（可依喜好加減）

栗子醬（冷藏保存 3 日）
- 甘栗（或冷凍栗子）50g
- 低脂牛奶 1/4 杯（50ml）
- 阿洛酮糖糖漿 1/4 大匙（可依個人喜好加減）

推薦這些配料！
- 椰子絲
- 堅果類
- 甘栗

1　將栗子醬材料中的甘栗、低脂牛奶放入調理機磨碎。

2　將栗子醬的所有材料放入鍋中，以中火邊攪拌邊煮至濃稠狀，約 5 ～ 8 分鐘後，舀起備用。

3　再將低脂牛奶＋水倒入鍋中，以大火煮滾，放入栗子醬以外的所有食材。

4　煮滾後轉成中火，邊攪拌邊煮約 5 ～ 8 分鐘，將燕麥片煮成濃稠狀。

5　放上適量的栗子醬，再加入想要的配料混合品嚐。

Tip 栗子醬的運用

和一般果醬相比，栗子醬水分較少且較為黏稠，可以抹在麵包或餅乾上，或是加入熱牛奶中，做成栗子拿鐵享用。

配料 甘栗、杏仁片、開心果、椰子絲

配料　巴西里粉

用自製番茄醬汁提味的
番茄燕麥粥

2 人份　25 ～ 35 分鐘　冷藏 2 ～ 3 天

- 燕麥片 30g
- 披薩起司絲 30g
- 水 3/4 杯（150ml）

番茄醬汁（冷藏保存 3 ～ 5 日）
- 番茄 1 顆（或小番茄 10 ～ 12 顆，150g）
- 洋蔥 1/4 顆（50g）
- 酸黃瓜 4 ～ 5 片（20g）
- 黑橄欖 2 顆
- 番茄醬 2 大匙（可依喜好加減）
- 葡萄籽油 1/2 大匙
- 蒜末 1/2 ～ 1 大匙
- 阿洛酮糖糖漿 1/2 大匙
- 胡椒粒磨碎少許
- 鹽少許

推薦這些配料！
- 巴西里粉
- 蔥花
- 帕瑪森起司粉

1　將番茄醬汁材料中的番茄、洋蔥切成適口大小，酸黃瓜、黑橄欖切碎。

2　在預熱好的鍋中，淋上葡萄籽油，放入蒜末、洋蔥，以中小火炒 3 ～ 5 分鐘，直到洋蔥稍微變得透明。

3　放入番茄、酸黃瓜、黑橄欖，炒 1 ～ 2 分鐘。

4　加入番茄醬，一邊將番茄壓碎，以中火煮 5 ～ 8 分鐘，再放入阿洛酮糖糖漿、磨碎的胡椒粒、鹽調味，番茄醬汁就完成了。
　　* 也可將步驟 4 完成的番茄醬汁盛出，放涼後冷藏保存。

5　將裝有④的番茄醬汁鍋中，放入燕麥片和水，以中火邊煮邊攪拌，約 8 ～ 10 分鐘，直到變濃稠為止，關火。

6　加上披薩起司絲，蓋上鍋蓋，利用餘熱將起司融化。

Tip 番茄醬汁的運用
可以當成披薩、義大利麵等的醬汁，或拿麵包沾取食用。食用前，可加入少許牛奶調整濃度。

配料 海苔絲、起司塊

越炒越香甜的洋蔥濃郁風味

洋蔥起司燕麥粥

1 人份　20 ～ 25 分鐘　冷藏 2 ～ 3 天

- 燕麥片 30g
- 雞蛋 1 顆
- 起司條 1 條（或披薩起司絲、起司片）
- 水 3/4 杯（150ml）
- 大麻籽（或芝麻粒）1/2 小匙
- 鹽少許
- 胡椒粒磨碎少許

速成洋蔥酸甜醬（冷藏保存 3 日）
- 洋蔥 3/4 顆（150g）
- 葡萄籽油 1/2 大匙
- 釀造醬油 1/2 大匙
- 巴薩米克醋 1/2 大匙（可依喜好加減）
- 阿洛酮糖糖漿 1/2 大匙
- 胡椒粒磨碎少許
- 鹽少許

推薦這些配料！
- 海苔絲
- 起司塊
- 堅果

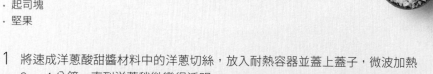

1　將速成洋蔥酸甜醬材料中的洋蔥切絲，放入耐熱容器並蓋上蓋子，微波加熱 2 ～ 4 分鐘，直到洋蔥稍微變得透明。

2　在預熱好的鍋中，將所有速成洋蔥酸甜醬的材料放入拌炒，蓋上鍋蓋以中火煮 5 分鐘，再打開鍋蓋，中間不時攪拌，約煮 3 ～ 5 分鐘後，盛出備用。

3　再將燕麥片、水、大麻籽放入鍋中，以大火煮滾，再轉成中火，倒入打散的蛋液。

4　關火，加上切小塊的起司條，攪拌至融化後，撒上胡椒、鹽調味。

5　盛入碗中，加入步驟②的速成洋蔥酸甜醬攪拌後食用。

Tip 速成洋蔥酸甜醬的運用
酸甜醬（Chutney）是一種在水果、蔬菜中加入香辛料的醬料。這道食譜使利用微波爐，以更快速、簡便的方式製作的速成洋蔥酸甜醬。可當成沙拉的醬汁，或是麵包、三明治的佐料。

* 椰奶
從椰子果肉中萃取出柔順如同
牛奶般的液體，主要加入咖哩中
來增添風味。

能品嚐到異國香氣與多層次的味道

椰漿咖哩燕麥粥

1 人份　　20 ～ 25 分鐘　　冷藏 2 ～ 3 天

- 燕麥片 30 ～ 40g
- 咖哩用豬肉 50g（或雞胸肉、雞柳等）
- 綜合蔬菜 100g（胡蘿蔔、洋蔥、甜椒等）
- 椰奶 1 ～ 2 大匙
- 葡萄籽油 1/2 大匙
- 水 1 杯（200ml）
- 咖哩粉 2 ～ 3 大匙（可依喜好加減）
- 胡椒粒磨碎 少許

1　利用廚房紙巾吸除豬肉的血水，將綜合蔬菜切成適口大小。

5　在預熱好的鍋中，淋上葡萄籽油，放入豬肉、綜合蔬菜，以中火拌炒 3 ～ 5 分鐘。

3　倒入水後，無需蓋上鍋蓋，以大火煮 8 ～ 10 分鐘，將食材煮至七分熟左右。

4　加入咖哩粉，仔細拌勻避免結塊。

5　放入燕麥片、椰奶、胡椒，以中火邊煮邊攪拌，約 5 ～ 7 分鐘，直到變濃稠為止。

營養滿點適合當作一餐

花椰菜蝦仁燕麥粥

1 人份　　15～20 分鐘　　冷藏 2～3 天

- 燕麥片 30g
- 花椰菜 50g（約 1/6 棵）
- 去殼蝦 50g（或魷魚、鮪魚等其他海鮮）
- 水 3/4 杯（150ml）
- 芝麻油 1/4 小匙
- 鹽少許
- 胡椒粉少許

推薦這些配料！

- 海苔絲
- 海芝麻粒
- 海蔥花

1 將花椰菜切小塊，去殼蝦泡入冷水中解凍。

2 將水倒入鍋中，以大火煮滾後，放入燕麥片邊煮邊
　攪拌，約煮 3～5 分鐘。

3 再次煮滾後，放入花椰菜、去殼蝦、胡椒粉，以中
　火煮 5～8 分鐘，中間不時攪拌，直到變濃稠為止。

4 淋上芝麻油、鹽，再加入想要的配料混合品嚐。

Tip 不同的品嚐方式
也很適合搭配辣辣的市售是拉差辣椒醬或辣醬。

＊去殼蝦
以冷凍方式銷售的蝦子，只保留了蝦肉。主要
品嚐蝦肉的口感，而不是蝦肉的風味。

配料 芝麻粒

經典三天王培根、高麗菜、番茄製作的

B.C.T 燕麥粥

 1 人份　 15～20 分鐘　 冷藏 2～3 天

- 燕麥片 30g
- 培根 40g
- 高麗菜 100g
- 番茄 1/2 顆（或小番茄 5 顆，約 80g）
- 葡萄籽油 1/2 小匙
- 水 1 杯（200ml）
- 鹽少許
- 胡椒粒磨碎少許

1 將培根、番茄切成適口大小，高麗菜切絲。

2 將葡萄籽油淋入鍋中，放入培根以中火煎 2～3 分鐘，再放入高麗菜、番茄、鹽、胡椒，拌炒 3～4 分鐘。

3 加入燕麥片、水，以大火煮滾後，轉成中火煮 5～10 分鐘，中間要不時攪拌，直到變濃稠爲止。

 Tip

高麗菜可以換成等量（100g）的花椰菜、紅椒、甜椒、洋蔥等；培根也可以換成等量（40g）的火腿片。

營養美味兼具的明太子

明太子燕麥粥

1 人份　15 ～ 20 分鐘　冷藏 2 ～ 3 天

- 燕麥片 30g
- 低鹽明太子 30 ～ 50g（或一般明太子）
- 水 3/4 杯（150ml）
- 大麻籽 1 小匙

推薦這些配料！
- 小黃瓜絲
- 水煮蛋
- 蔥花
- 芝麻油
- 芝麻粒

1 將明太子以流水沖洗，在明太子上劃長長
　的一刀，利用刀背將魚卵挖出。

2 將燕麥片、水、大麻籽放入鍋中，以大火
　煮滾後，再轉成中火。

3 放入 2/3 處理過的明太子，邊煮邊攪拌約
　5 ～ 8 分鐘，直到變濃稠為止。

4 盛入碗中，放上其餘的明太子，再加入想
　要的配料混合品嚐。
　* 加入所有推薦的配料，會更加美味。

* 低鹽明太子
以最少的鹽醃漬的明太子，和
一般明太子相比較為不鹹。

特別推薦當成健康的解酒料理

牛肉泡菜燕麥粥

1 人份　　25～30 分鐘　　冷藏 2～3 天

- 燕麥片 30g
- 白菜泡菜 1/3 杯（或醃蘿蔔，50g）
- 牛肩肉 50g（或豬肉、雞肉）
- 芝麻葉 1～2 片
- 荏胡麻油 1/2 大匙
- 釀造醬油 1/2 大匙
- 水 3/4 杯（150ml）
- 阿洛酮糖糖漿 1/4 大匙（可依喜好加減或省略）
- 鹽少許
- 胡椒粉少許

1　將芝麻葉捲起後，切成細絲。

2　利用廚房紙巾吸除牛肉的血水，將牛肉、白菜泡菜切成適口大小。

3　在預熱好的鍋中，淋上荏胡麻油，放入白菜泡菜，以中火炒 3～5 分鐘，炒到變軟爲止。

4　放入牛肉，以中火炒 2～5 分鐘，炒至半熟後，加入阿洛酮糖糖漿、鹽、胡椒粉。

5　加入燕麥片、水，以大火煮滾，再轉成中火，放入芝麻葉、釀造醬油，再持續煮 5～8 分鐘，邊煮邊攪拌，直到變濃稠爲止。

* 納豆
黃豆發酵製成的食品，用筷子充分攪拌，待出現黏黏的絲狀物後再食用。

呈現燕麥片炒過酥脆口感的獨特料理

納豆酪梨燕麥粥

 1 人份　 15～20 分鐘　 冷藏 2～3 天

- 燕麥片 30g
- 葡萄籽油 1～2 大匙
- 酪梨 1/2 顆（處理後 50g）
- 納豆 1 盒（90～100g）
- 半熟蛋 1 顆
- 釀造醬油 1/2 小匙
- 大麻籽 1/4 小匙
- 小番茄少許（可省略）
- 鹽少許
- 胡椒粒磨碎少許

1　以酪梨籽為中心，用刀子劃一圈後，用手抓住兩側旋轉剝開，將籽取出，把果肉挖出。

2　納豆用筷子充分攪拌，要拌出黏黏的絲狀物。

3　在預熱好的鍋中，淋上葡萄籽油，放入燕麥片，以中火炒 4～5 分鐘，變酥脆金黃後，靜置放涼。

4　將燕麥片、納豆、釀造醬油、鹽、胡椒放入碗中拌勻。

5　再放上酪梨、半熟蛋、大麻籽、小番茄，拌勻品嚐。
　　* 雞蛋煮成半熟會更美味。

Tip 挑選熟度剛好的酪梨

輕輕拿取時，能感受到軟度，外皮為草綠色帶有暗褐色光澤，就是熟度剛好的酪梨。還未熟的酪梨，可以用鋁箔紙包好，置放於室溫下，催熟後再使用。假使有剩餘的酪梨，可以塗上檸檬汁，再用保鮮膜包起來冷藏保存。

Chapter 3

香酥鬆軟的
烘焙燕麥點心

☑早餐　　☑甜點　　☑點心　　☑代餐

麵包和餅乾無論男女老少都愛吃，但其中卻添加了不少的麵粉、奶油、砂糖，
有時難免會感到負擔。這個時候，就可以選用燕麥來製作。
燕麥烘焙的優點就是使用大量的健康食材，不用麵粉、奶油也可以製作，
再加上高纖可維持長久的飽足感，可謂是無窮無盡。
本書介紹的點心沒有摻雜麵粉，而是僅使用燕麥做成的食譜。
和常見的麵包、餅乾相比，雖然在味道、外觀上較為樸實，
常吃之後，絕對會陷入燕麥烘焙鬆軟且香濃的魅力之中。
現在就開始讓人安心品嚐的燕麥烘焙吧。

「燕麥烘焙」推薦的燕麥

基本上使用的是將燕麥片磨碎製成的燕麥粉，爲了增添口感，也會加入傳統燕麥片或快熟燕麥片。

燕麥粉可以使用市售的粉質製品，但如果要購買太多類別覺得麻煩的話，也可以自己製作。

* 認識燕麥種類 13 ～ 15 頁／本章主要使用燕麥粉，食譜中標示燕麥片的地方，就是指傳統燕麥片。

*製作燕麥粉

1 將有顆粒的燕麥片放入調理機中，盡量磨到最細。

2 用篩子過濾，只保留細的粉末。

3 裝入密封罐中，以冷藏保存。

製作「燕麥烘焙」時，要先知道的事

1— 燕麥粉、杏仁粉、椰子粉等粉類，製作之前最好再過篩一次。如果之前已經過篩，放置一久也有可能會再結塊。

2— 由於燕麥烘焙不加奶油，而是改用葡萄籽油，烘烤後可能會不容易脫模，因此，建議先在蛋糕模裡鋪上烘焙紙，或是塗抹少許葡萄籽油，也可以選用矽膠模具製作。

3— 燕麥烘焙的麵糰如果揉太久的話，可能會變得過軟，因此請仔細確認食譜的標示。

4— 燕麥烘焙由於不加奶油，成品不是濕潤的口感，而是較爲鬆軟。推薦和牛奶、固態優格、咖啡一起享用。

「燕麥烘焙」常用的食材

泡打粉＆小蘇打：能讓糕點、蛋糕或麵包等有膨起的外觀與鬆軟的口感。小蘇打主要用在加了酸性物質如檸檬汁、優格等的食譜中，和泡打粉相比，膨脹力更強一些。如果加太多的話，可能會產生苦味，請特別注意。

香草精：能散發出香草香味的液體材料，只要少量就能去除燕麥片、牛奶或雞蛋的雜味或腥味。

這樣更好吃
搭配固態原味優格、水果一起品嘗

這樣更好吃

- 搭配固態原味優格、水果
  一起品嚐
- 淋上蜂蜜或楓糖漿
- 當成冰淇淋、剉冰的配料
- 隔夜燕麥、燕麥粥的配料

兼具酥香風味與飽足感

燕麥奶酥

 120～140g

 25～30 分鐘
（＋發酵 15 分鐘）

 室溫 3～5 天，
冷凍 1 個月

- 燕麥粉 50g（83 頁）
- 快熟燕麥片 30g
- 甜菊糖 20g（14 頁，或砂糖）
- 葡萄籽油 20g
- 肉桂粉 1/8 小匙
- 鹽少許

1 將所有材料放入碗中，用手邊攪拌邊揉捏成小顆
  粒，直到沒有飛粉為止。

2 將①的麵糰收攏成一大塊後，放入冷凍室靜置
  10～15 分鐘。
  * 經過發酵，會讓麵糰的材料與材料間更容易結成團。

3 利用刮勺將結塊變硬的麵糰輕輕弄碎，碎成小石粒
  狀。
  * 烤箱預熱 160 度。

4 將③平鋪在烤盤上，放入預熱 160 度的烤箱中，
  烤至金黃焦脆為止，約 15～20 分鐘。取出後鋪平
  放涼，再放入密封罐中保存。
  * 剛烤完後，觸感比較鬆軟易碎，但冷卻後則會像餅乾一
  樣變得綿密。

Tip

材料中的燕麥粉50g，也可以換成燕麥粉20g＋杏仁粉30g，這
樣就能品嚐到熟悉的奶酥風味。

這樣更好吃 搭配固態原味優格一起品嚐

這樣更好吃

· 搭配固態原味優格、水果
　一起品嚐
· 和香草冰淇淋一起品嚐

清爽且低熱量的甜點

蘋果燕麥奶酥派

2～3 人份　45～50 分鐘　冷藏 3 天

· 燕麥奶酥麵糰（85 頁）
· 椰子絲 20g（可省略）
· 杏仁片 20g（或其他切碎的堅果類）

內餡
· 蘋果片 1/2 顆（50g，或其他水果）
· 甜菊糖 1 大匙（14 頁，或砂糖）
· 肉桂粉 1/4 小匙
· 檸檬汁 1 小匙
· 鹽少許

1　將內餡的材料仔細拌勻後，放入耐熱容器中
　　鋪平。
　　* 烤箱預熱 170 度。

2　參考 85 頁燕麥奶酥的做法，進行到步驟 3，
　　然後鋪在 ① 的上面。

3　撒上椰子絲、杏仁片。

4　放入預熱 170 度的烤箱中，烤至金黃焦脆爲
　　止，約 30～40 分鐘。可以趁熱享用，或是
　　冷卻後食用。

Tip 製作藍莓燕麥奶酥派

材料請參考以下：

冷凍藍莓 1 杯（100g，或藍莓）＋甜菊糖 2 大匙＋肉桂粉
1 小匙＋檸檬汁 1 小匙。

冷冷吃更美味！扎實又有飽足感

燕麥奶酥條

16×8×6.5cm
磅蛋糕模 1 個份

50 ～ 55 分鐘

冷藏 2 週

- 燕麥片 90g
- 燕麥粉 45g（83 頁）
- 甜菊糖 3 大匙（14 頁，或砂糖）
- 肉桂粉 1/4 大匙
- 泡打粉 1/4 小匙
- 鹽 1/4 小匙
- 葡萄籽油 45 ～ 60g（可依喜好加減）

椰棗醬（冷藏保存 1 週）
- 椰棗 30g
- 水 1 大匙
- 柳橙 1/2 顆（150g）

配料
- 椰子絲少許
- 切碎的堅果類少許

Tip

也可以使用等量的果醬或豆沙取代椰棗醬。
葡萄籽油的分量會影響口感的差異，因此
可依個人喜好來選擇。
45 ～ 50g 左右：帶有酥脆感的奶酥條
50 ～ 65g 左右：稍微有些濕潤的奶酥條

1　將椰棗醬材料中的椰棗、水放入耐熱容器中，
　　微波加熱 30 秒，進行 2 ～ 3 次，讓椰棗變
　　軟且好壓碎，再和柳橙放入調理機中，一起
　　磨碎製成果醬。
　　＊ 烤箱預熱 180 度。

2　將燕麥片、燕麥粉、甜菊糖、肉桂粉、泡打
　　粉、鹽、葡萄籽油放入碗中，攪拌均勻。

3　磅蛋糕模內底鋪上烘焙紙，倒入 2/3 分量的
　　2，並緊緊壓實、鋪平。上方均勻抹上椰棗醬，
　　再倒入剩餘的麵糊，一樣鋪平並壓實

4　放入預熱 180 度的烤箱中，烤約 30 ～ 40 分
　　鐘，烤至變成黃褐色，用筷子插入中間的部
　　分，不會沾上麵糊即可，再撒上配料。
　　＊ 烤完之後，輕壓上方有鬆軟的感覺，冷卻後則會
　　變硬。

5　脫模後待完全冷卻，再切成想要的大小。
　　＊ 若還有餘溫就切開的話，可能會碎掉或散開，因
　　此一定要等完全冷卻。

燕麥穀麥

黃豆粉燕麥穀麥

這樣更好吃

· 搭配牛奶一起吃
· 搭配香草冰淇淋、果醬、
  水果一起品嚐
· 搭配固態優格一起吃

加入燕麥片 & 堅果的健康穀物片

燕麥穀麥

4 ～ 6 餐分量　　35 ～ 40 分鐘　　室溫 7 天，
　　　　　　　　　　　　　　　　　冷凍 1 個月

· 燕麥片 150g
· 燕麥粉 2 大匙（83 頁）
· 堅果類 90g（可依喜好加減）
· 果乾 30g（可依喜好加減）
· 椰子片 30g（或椰子絲，可依喜好加減）
· 阿洛酮糖糖漿 4 大匙
· 葡萄籽油 3 ～ 4 大匙
· 肉桂粉 1/4 小匙
· 鹽 1/8 小匙

Tip 享用其他風味的穀麥

＊ 黃豆粉燕麥穀麥 在步驟 1 中加入炒黃豆粉
3 大匙、水 1 大匙。

＊ 巧克力燕麥穀麥 在步驟 1 中加入無糖可可
粉 2 大匙、可可粒 1/2 大匙，最後待完成冷
卻後，再拌入少許巧克力碎片。

1　將除了果乾、椰子片以外的材料放入碗
　中，充分攪拌成黏稠狀態。
　＊ 烤箱預熱 160 度。

2　將烤盤鋪上烘焙紙，倒入 ① 均勻地鋪平
　並壓實，放入預熱 160 度的烤箱中，烤
　約 10 ～ 15 分鐘，烤至變成焦黃酥脆為止。

2　取出烤盤，立即加入椰子片攪拌。
　＊ 高溫請小心。
　＊ 進行到步驟 3 後，淋上少許阿洛酮糖糖漿，
　　就能做出結塊的穀麥。

4　重新壓實鋪平後，放入 150 度的烤箱烤
　10 ～ 15 分鐘，趁熱拌入乾果後，再鋪開
　待其完全冷卻，裝入密封罐保存。

烤好一盤就能當成甜點和正餐

烤燕麥

2～4 人份　45～50 分鐘　冷藏 5～7 天

這樣更好吃
搭配香草冰淇淋、藍莓醬、藍莓一起品嚐

這樣更好吃

- 搭配香草冰淇淋、果醬、水果一起品嚐
- 搭配固態原味優格一起品嚐
- 倒入少許牛奶變濕潤後再吃冷冷吃也 OK！食用前微波加熱 1 ～ 2 分鐘也 OK！

- 燕麥片 90g
- 香蕉 1 根（100g）
- 甜菊糖 40g
- 低脂牛奶 3/4 杯（150ml）
- 奇亞籽 2/3 小匙（或大麻籽，可省略）
- 泡打粉 1/4 小匙
- 肉桂粉 1/2 小匙
- 鹽 1/8 小匙
- 香草精少許（可省略）

內餡
- 冷凍藍莓 1/3 杯（或其他水果）
- 椰子絲 1 小匙
- 椰子油 1 小匙（或葡萄籽油）

1　在矮且寬口的耐熱容器中，淋上葡萄籽油並均勻抹開。放入香蕉用叉子壓碎。
　　* 本食譜使用的是 20×15×8cm 大小的耐熱容器。

2　在①的耐熱容器中，加入除了內餡的所有材料拌勻。
　　* 烤箱預熱 180 度。

3　放入內餡並輕輕攪拌。
　　* 也可以撒上堅果、果乾、巧克力碎片等。

4　放入預熱 180 度的烤箱中，烤約 30 ～ 40 分鐘，烤至變成黃褐色，用筷子插入中間的部分，不會沾上麵糊即可。

Tip

* 做成蘋果口味

切小塊的蘋果 1/2 顆（100g）＋甜菊糖 1/2 大匙＋肉桂粉 1 小匙＋檸檬汁 1/2 小匙，微波加熱 2 分鐘後，再拌入 1 大匙的堅果。

* 做成草莓口味

草莓（藍莓、樹莓等，冷凍亦可）50g ＋切碎的堅果 20g ＋花生醬 1/2 小匙混合後，微波加熱 2 分鐘。

* 以其他材料替代香蕉

如果想吃得清爽一點，可將材料中的香蕉換成雞蛋 1 顆＋牛奶 1 杯（200ml）。

* 椰棗

一種熱帶水果,市售的
是乾燥狀態的椰棗乾。
特色是帶有強烈的甜
味,口感軟黏。

12 ～ 15 個　　15 ～ 20 分鐘　　冷藏 7 天,
(直徑 3 ～ 5cm)　(＋凝固20分鐘)　冷凍 1 個月

運動前適合用來補充能量的健康點心

免烤花生醬巧克力燕麥球

- 燕麥片 90g
- 花生醬 80g
- 黑巧克力 20g
- 椰棗 10 ～ 15g
- 切碎的堅果 70g
- 低脂牛奶 1 大匙
- 葡萄籽油 1 ～ 2 大匙
- 肉桂粉 1 小匙
- 阿洛酮糖糖漿 2 大匙
- 鹽少許

推薦這些配料!

- 椰子片
- 杏仁粉

1　用剪刀將椰棗剪小塊。

2　將黑巧克力、椰棗、低脂牛奶加入耐熱容器中,微波
　　加熱 30 秒,進行 2 次,做出奶油般的質地。

3　將所有材料放入大碗中混合。
　　* 想保留咀嚼口感的話,材料中的堅果不要全部切碎,直接
　　加入即可。

4　將③的麵糰捏成直徑 3 ～ 5cm 的小球,放入冷藏室
　　凝固,可再沾上少許想要的配料。

 Tip

將材料中的燕麥片放入調理機中攪碎後使用,就能享用到更鬆軟的
口感。

95

穀麥燕麥鬆餅
這樣更好吃 和香蕉、糖粉一起品嚐

黑橄欖燕麥鬆餅

這樣更好吃

· 和楓糖漿或蜂蜜一起品嚐
· 搭配水果、固態原味優格
  一起品嚐

香濃風味與 Q 彈口感兼具

穀麥燕麥鬆餅

 直徑 15cm
3～4 片分量

 20～25 分鐘

 冷藏 3～5 天

· 燕麥粉 60g（83 頁）
· 燕麥穀麥 30g（90 頁，或一般穀麥）
· 香蕉 1 根
· 雞蛋 1 顆
· 低脂牛奶 1/4 杯（50ml）
· 阿洛酮糖糖漿 1 大匙
· 檸檬汁 1/8 小匙
· 小蘇打粉 1/4 小匙
· 香草精 1/8 小匙
· 葡萄籽油適量
· 鹽少許

1 將除了燕麥穀麥、葡萄籽油的材料都放入
  碗中，一邊用叉子將香蕉壓碎，一邊混合
  麵糊。

2 在預熱好的鍋中，淋上葡萄籽油，利用廚
  房紙巾均勻抹開，用湯勺舀起①的麵糊，
  鋪成 12～15cm 大小的圓形，放上燕麥穀
  麥。＊也可以放上堅果類。

3 以中火烤 3～5 分鐘，直到麵糊出現小氣
  孔時、稍微膨起爲止。

4 翻面再烤 3～5 分鐘，烤成金黃色後，盛
  盤備用，再重複相同步驟烤其他片。

Tip

＊黑橄欖燕麥鬆餅
省略材料中的燕麥穀麥，將黑橄欖 30g 切碎，加入步驟
1 中。

＊藍莓燕麥鬆餅
省略材料中的燕麥穀麥，將藍莓 20g 放入調理機中打
碎，加入步驟 1 中。

融合了天然的甜味

燕麥布朗尼

 12×7×3cm 長方形
蛋糕模 2 個份

 35 ～ 40 分鐘

 室溫 3 天，
冷凍 1 個月

- 燕麥粉 25g（83 頁）
- 無糖可可粉 15g
- 甜菊糖 15g
- 泡打粉 1/8 小匙
- 黑巧克力 15g
- 切碎的椰棗（或柿餅）20g
- 低脂牛奶 2 大匙 + 3 大匙
- 雞蛋 1 顆
- 葡萄籽油 15g
- 香草精 1/8 小匙（可省略）

1 將黑巧克力、切碎的椰棗、低脂牛奶 2 大匙放入耐熱容器中混合，微波加熱 30 秒，進行 2 ～ 3 次，讓材料變軟且好壓碎。

　* 微波加熱時需注意煮沸後會濺出，因此最好使用稍大一點的耐熱容器。

2 用叉子壓碎並拌勻後，靜置冷卻。

　* 如果沒有完全冷卻的話，可能會讓步驟 4 中的雞蛋變熱。

3 將燕麥粉、可可粉、甜菊糖、泡打粉一起過篩。

　* 烤箱預熱 170 度。

4 取另一個碗，放入雞蛋、葡萄籽油、低脂牛奶 3 大匙、香草精拌勻，再加入②和③，用刮勺切拌混合，直到沒有飛粉為止。

5 將兩個 12×7×3cm 長方形蛋糕模鋪上烘培紙，倒入麵糊並鋪平，為了消除麵糊間的氣泡，可將蛋糕模大力敲打桌面 2 ～ 3 次。

6 放入預熱 170 度的烤箱中，烤約 20 ～ 25 分鐘，用筷子插入中間的部分，不會沾上麵糊即可。

　* 也可以在烤之前，放上切碎的堅果類、巧克力餅乾、巧克力碎片等。

能咀嚼到燕麥片的口感
燕麥軟餅乾

 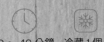

6～8個
（直徑 5cm）　30～40分鐘　冷藏1個月

- 燕麥片 100g
- 燕麥粉 40g（83 頁）
- 香蕉 1 根（100g）
- 甜菊糖 20g
- 葡萄籽油 15 ～ 20g（或花生醬）
- 肉桂粉 1/2 小匙
- 泡打粉 1/8 小匙
- 香草精 1/2 ～ 1/4 小匙（可省略）

推薦這些配料！

- 巧克力碎片
- 堅果類
- 果乾

1 將香蕉放入碗中壓碎。
　＊烤箱預熱 170 度。

2 將配料以外的所有材料放入碗中，攪拌均勻後，
加入配料稍微混合。

3 將烤盤鋪上料理紙，用冰淇淋挖勺（或湯匙）
挖起麵糰，以 5cm 的大小鋪在烘培紙上。
　＊烤箱預熱 170 度。
　＊用挖勺挖起麵糰後，一定要用力壓平。

4 放入預熱 170 度的烤箱中，烤約 20 ～ 25 分鐘，
烤至變成黃褐色，表面些許裂開的狀態。

Tip 用氣炸鍋代替烤箱製作

進行到步驟 3 時，將麵糰放入氣炸鍋中，並緊緊壓平麵糰，
使其厚度為 0.5cm。先以 160 度烤 10 分鐘，翻面後再烤 5 ～
8 分鐘，直到呈現黃褐色為止。

清爽感爆發！
燕麥檸檬瑪德蓮

7.3×3cm 瑪德蓮
模具 6～8 個份

25～30 分鐘
（＋發酵 30 分鐘，
凝固 20 分鐘）

室溫 2 天，
冷凍 1 個月

Tip

將檸檬皮黃色的部分，加入糖熬
煮，和新鮮檸檬、市售檸檬汁相
比，香氣要更濃郁。

- 燕麥粉 30g（81 頁）
- 杏仁粉 20g
- 檸檬汁 2 大匙（30ml）
- 雞蛋 1 顆
- 甜菊糖 25g（14 頁，或砂糖）
- 葡萄籽油 15g
- 低脂牛奶 2 大匙
- 香草精 1/8 小匙
- 小蘇打粉 1/4 小匙
- 鹽少許
- 檸檬皮適量

檸檬糖霜
- 甜菊糖 2 大匙
- 檸檬汁 1 大匙

1 將雞蛋、甜菊糖、葡萄籽油放入碗中，以攪拌器攪拌均勻。再加入過好篩的燕麥粉、杏仁粉、小蘇打粉，用刮勺混合。

2 加入低脂牛奶、香草精、鹽拌勻。

3 加入檸檬汁後拌勻，靜置於室溫下 30 分鐘以上，進行發酵後，再攪拌一次。

   * 和一般瑪德蓮相比，烘烤時中間可能不會隆起，這是因爲燕麥粉比麵粉重，再加上沒有加奶油的緣故，因此，一定要讓麵糊發酵至少 30 分鐘。
   * 烤箱預熱 180 度。

4 將麵糊倒入瑪德蓮模具至九成高的位置，撒上檸檬皮，放入預熱 180 度的烤箱，烤約 10 ～ 12 分鐘，直到中間稍微隆起爲止，取出脫模後，放在散熱架上冷卻。

5 將檸檬糖霜材料中的甜菊糖放入鍋中，以中小火加熱使其融化，約 2 ～ 3 分鐘，加入檸檬汁後馬上關火，拌勻後靜置冷卻，便完成檸檬糖霜，再倒入瑪德蓮模具中 1/3 高的地方。

6 將 ④ 的瑪德蓮放入 ⑤ 的模具中，置放於冷藏室 15 ～ 20 分鐘使其凝固。

能感受到濃郁椰子香與伯爵茶香

燕麥司康

 各 6 個份

 30 ～ 40 分鐘
（＋發酵 2 小時）

 室溫 3～4 天，
冷凍 1 個月

椰子蔓越莓燕麥司康

穀麥燕麥鬆餅

這樣更好吃
和草莓醬（或藍莓醬）、奶油一起品嚐

椰子蔓越莓燕麥司康

- 燕麥粉 110g（83 頁）
- 椰子絲 40g
- 蔓越梅乾（或其他果乾）15g
- 室溫下液體狀的椰子油 20g
- 雞蛋 1 顆
- 低脂牛奶 1 大匙
- 阿洛酮糖糖漿 1/2 大匙
- 甜菊糖 1 大匙
- 泡打粉 1/4 小匙
- 鹽 1/4 小匙
- 香草精 1/8 小匙

1　將椰子絲放入食物調理機裡打碎。

2　燕麥粉、甜菊糖、泡打粉、鹽一起過篩後，和 1 一起混合。

3　加入室溫下液體狀的椰子油，用刮勺以切拌的方式，做成軟硬適中的麵糰。

　　* 椰子油冷藏保存時，會凝成固體狀，置放於室溫下，則會重新變為液狀。

4　取另一個碗，放入雞蛋、低脂牛奶、阿洛酮糖糖漿、香草精拌勻，加入③的碗中，以刮勺大略地切拌，再拌入蔓越梅乾。

　　* 不要攪拌太久，大致混合成團，才能品嚐到鬆軟的口感。

5　放入保鮮袋中，大致捏成一團後，放入冷藏室發酵 30 分鐘～ 2 小時。* 烤箱預熱 180 度。

　　* 經過發酵，會讓麵糰的材料與材料間更容易結成團。

6　將麵糰放在鋪好料理紙的烤盤上，捏成 3 ～ 4cm 後的圓型，再用刀子切六等分後，稍微塑形。

7　放入預熱 180 度的烤箱，烤約 15 ～ 20 分鐘，烤至稍微裂開，表面變成黃褐色。

　　* 烘烤之前，將表面稍微塗上蛋液的話，烤完會更有光澤且看來更可口。

伯爵茶杏仁燕麥司康

- 燕麥粉 110g（83 頁）
- 快熟燕麥片 40g
- 伯爵茶包 1～2 個（或其他茶包）
- 杏仁片 15g
- 葡萄籽油 20g
- 雞蛋 1 顆
- 低脂牛奶 1 大匙
- 阿洛酮糖糖漿 1/2 大匙
- 甜菊糖 1 大匙
- 泡打粉 1/4 小匙
- 鹽 1/4 小匙
- 香草精 1/8 小匙

1 將燕麥粉、甜菊糖、泡打粉、鹽一起過篩後，放入快熟燕麥片、伯爵茶葉粉混合。
  * 將茶包拆開，只加入茶葉粉。

2 加入葡萄籽油，用刮勺以切拌的方式，做成軟硬適中的麵糰。

3 取另一個碗，放入雞蛋、低脂牛奶、阿洛酮糖糖漿、香草精拌勻，加入 2 的碗中，以刮勺大略地切拌。
  * 不要攪拌太久，大致混合成團，才能品嚐到鬆軟的口感。

4 加入杏仁片，稍微攪拌一下。

5 放入保鮮袋中，大致捏成一團後，放入冷藏室發酵 30 分鐘～2 小時。* 烤箱預熱 180 度。
  * 經過發酵，會讓麵糰的材料與材料間更容易結成團。

6 將麵糰放在有烘焙紙的烤盤上，捏成 3～4cm 後的圓型，再用刀子切六等分後，稍微塑形。

7 放入預熱 180 度的烤箱，烤約 15～20 分鐘，烤至稍微裂開，表面變成黃褐色。
  * 烘烤之前，將表面稍微塗上蛋液的話，烤完會更有光澤且看來更可口。

用燕麥粉做成熟悉口味的巧克力餅乾

燕麥巧克力杏仁餅乾

 15～17 個
（直徑 5cm）

 25～30 分鐘
（＋發酵 2 小時）

 室溫 3 天，
冷凍 1 個月

- 燕麥粉 70g（83 頁）
- 燕麥片 10g
- 無糖可可粉 5g
- 杏仁片 20g（或切碎的堅果類）
- 阿洛酮糖糖漿 45g
- 葡萄籽油 20g

用鍋子代替烤箱
將鍋子鋪上烘焙紙，放上切好的麵糰，蓋上鍋蓋，以小火加熱 10 分鐘，翻面後再加熱 10～15 分鐘，直到變成焦黃爲止。

冷凍保存麵糰
進行到步驟 3 後放入冷凍室（1 個月），自然解凍後，從步驟 4 開始進行。

1 將燕麥粉、無糖可可粉一起過篩。

2 阿洛酮糖糖漿、葡萄籽油加入碗中混合，將 ① 放入拌勻，直到沒有飛粉爲止，加入燕麥片、杏仁片，再攪拌一次。

3 大致捏成長橢圓形的麵糰後，用保鮮膜包好，放入冷凍室裡發酵 2 小時以上。
　＊烤箱預熱 180 度。
　＊經過發酵，會讓麵糰的材料與材料間更容易結成團。

4 在包著保鮮膜的狀態下，分別切成 1.5～1cm 厚，剝除保鮮膜後，放上烤盤，放入預熱 180 度的烤箱中，烤約 12～15 分鐘，烤至杏仁稍微變成焦黃。
　＊如果太硬不好切開的的話，可以稍微解凍後再切。

不用油或奶油，以堅果來增添濕潤感與香氣

燕麥胡蘿蔔蛋糕

 直徑 17cm 圓形
蛋糕模 1 個份

 50 ～ 55 分鐘

 室溫 3 天

這樣更好吃
和淡奶霜或固態原味優格一起品嚐

- 燕麥粉 120g（83 頁）
- 雞蛋 2 顆
- 甜菊糖 40g
- 堅果 30g＋20g
- 果乾 20g
- 低脂牛奶 1 大匙
- 肉桂粉 2 小匙
- 泡打粉 1/4 小匙
- 小蘇打粉 1/4 小匙
- 鹽少許

內餡
- 胡蘿蔔 1/2 根（100g）
- 肉桂粉 2 小匙
- 檸檬汁 2 小匙

1 將胡蘿蔔切細絲，和其餘的內餡材料混合，靜置 15 分鐘。
　＊靜置過後，讓香氣滲入胡蘿蔔中，會更加美味。

2 將堅果 30g 放入調理機裡磨碎，剩餘的 20g 切碎。
　＊添加磨碎的堅果，用來代替奶油或油的功能。

3 將燕麥粉、肉桂粉、泡打粉、小蘇打粉一起過篩後，加入②磨碎的堅果 30g 拌勻。
　＊烤箱預熱 180 度。

4 取另一個碗，放入雞蛋、甜菊糖、低脂牛奶、鹽，仔細拌開後，和③一起混合。

5 將①的胡蘿蔔、切碎的堅果 20g、果乾放入④中混合。

6 在圓形鍋子的內側塗抹少許葡萄籽油（額外分量），倒入麵糊至 2/3 高的位置，為了消除麵糊間的氣泡，可將鍋子大力敲打桌面 2～3 次。
　＊也可以鋪上料理紙來取代葡萄籽油。

7 放入預熱 180 度的烤箱中，烤約 30～40 分鐘，用筷子插入中間的部分，不會沾上麵糊即可。
　＊待蛋糕完全冷卻後，再加上淡奶霜（51 頁）。

用優格增添綿密感、伯爵茶增加香氣

燕麥伯爵茶磅蛋糕

16×8×6.5cm
磅蛋糕模1個

45～50分鐘

室溫3天

- 燕麥粉 150g（83 頁）
- 伯爵茶包 1～2 個（或其他茶包）
- 肉桂粉 1/8 小匙
- 小蘇打粉 1/4 小匙
- 甜菊糖 40～50g
- 固態原味優格 50g
- 低脂牛奶 2 大匙
- 雞蛋 2 顆
- 葡萄籽油 3 大匙
- 香草精 1/2 小匙（可省略）
- 鹽 1/8 小匙
- 堅果 30g ＋ 20g
- 杏仁片 1/2 大匙（或其他堅果類）

1 將燕麥粉、肉桂粉、小蘇打粉一起過篩。

2 將伯爵茶葉粉、甜菊糖、鹽加入①的碗中混合。
  * 將茶包拆開，只加入茶葉粉。

3 取另一個碗，將雞蛋、葡萄籽油混合後，放入②中。

4 再加入固態原味優格、低脂牛奶、香草精拌勻。
  * 烤箱預熱 180 度。

5 將麵糊倒入鋪好料理紙的磅蛋糕模中，撒上堅果及杏仁片。

6 為了消除麵糊間的氣泡，可將磅蛋糕模大力敲打桌面 2～3 次。放入預熱 180 度的烤箱中，烤約 25～30 分鐘，用筷子插入中間的部分，不會沾上麵糊即可。

7 脫模後待完全冷卻，再切成想要的大小。
  * 若還有餘溫就切開的話，可能會碎掉或散開，因此一定要等完全冷卻。

燕麥特殊香氣與粗糙口感的魅力

燕麥簡易麵包

16×8×6.5cm
磅蛋糕模1個

30～35分鐘

室溫2天

- 燕麥片 80g
- 固態原味優格 130g
- 阿洛酮糖糖漿 1/2 大匙
- 小蘇打粉 1/2 小匙
- 堅果 10～20g
- 果乾 10～20g
- 鹽少許

1　將除了堅果、果乾以外的所有材料放入碗中混合。
　　* 烤箱預熱 175 度。

2　將一半的麵糊倒入鋪好料理紙的磅蛋糕模中，再鋪上一半的堅果、果乾。

3　重複一次步驟②，放入預熱 175 度的烤箱中，烤約 20～25 分鐘，用筷子插入中間的部分，不會沾上麵糊即可。

4　脫模後待完全冷卻，再切成想要的大小。
　　* 若還有餘溫就切開的話，可能會碎掉或散開，因此一定要等完全冷卻。

Tip
將材料中的燕麥片，改成顆粒較細的快熟燕麥片＋傳統大燕麥片混合，就能品嚐到更鬆軟的口感。

把代表性的路邊小吃變得更健康、清爽

燕麥雞蛋糕

直徑 8cm 的矽膠
馬芬模具 6～8 個　　30～35 分鐘　　室溫 3 天

麵糊
- 燕麥粉 50g（83 頁）
- 雞蛋 1 顆＋6 顆
- 低脂牛奶 1/4 杯（50ml）
- 阿洛酮糖糖漿 1 大匙
- 葡萄籽油 10g
- 泡打粉 1/2 小匙
- 鹽 1/8 小匙
- 胡椒粒磨碎 少許

推薦這些配料！
- 起司片
- 培根（或火腿片）
- 大蔥（或珠蔥）
- 綜合蔬菜（甜椒、洋蔥、紅椒、胡蘿蔔等）
- 番茄（或小番茄）

1 將雞蛋、葡萄籽油加入碗中，仔細拌開後，再加入燕麥粉、低脂牛奶、阿洛酮糖糖漿、泡打粉混合均勻。

2 將想要的配料切成適口大小。

3 將少許葡萄籽油塗抹在矽膠馬芬模具內側，倒入①的麵糊至 1/3 高的位置，放上適量的配料。

　* 烤箱預熱 180 度。

4 將 6 顆雞蛋打在每個馬芬模具上，再撒上鹽、胡椒。用叉子將蛋黃戳破後，放入預熱 180 度的烤箱中，烤約 20～25 分鐘呈金黃色為止。

　* 在加熱過程中，蛋黃可能會爆開溢出，因此最好在烤之前先戳破。

Tip 選擇模具

矽膠馬芬模具、不鏽鋼馬芬模具、紙馬芬模具等，任何一種皆可。

簡單就能享用的健康

燕麥披薩麵包

12×3×2cm　35～40分鐘　室溫2天
矽膠模具4份

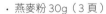

- 燕麥粉 30g（3 頁）
- 燕麥片 30g
- 義大利麵番茄醬 3 大匙（可依喜好加減）
- 綜合蔬菜切丁 1/3 杯（洋蔥、黑橄欖、番茄、紅椒等，50g）
- 雞蛋 1 顆
- 起司條 1～2 條（可依喜好加減）
- 水 1 大匙
- 泡打粉 1/4 小匙
- 低脂牛奶 1/4 杯（50ml）
- 鹽少許
- 胡椒粉少許

1　將起司條切成小圓片。
　　* 烤箱預熱 180 度。

2　將除了起司條的所有材料放入碗中混合。

3　將一半的麵糊倒入矽膠模具中，放上起司條切片，再倒入剩餘的麵糊。

4　放入預熱 180 度的烤箱中，烤約 20～25 分鐘，用筷子插入中間的部分，不會沾上麵糊即可。

Tip

用紙杯替代矽膠模具
用相同的方法完成麵糊後，分別倒入紙杯中，一樣烤至用筷子插入中間的部分，不會沾上麵糊即可。

不同的品嚐方式
也可以在步驟 2 中加入 1～2 小匙的咖哩粉。

不輸給甜甜圈專賣店的美味與香氣

燕麥甜甜圈

 直徑 8cm 的 甜甜圈模具 6 個　 30～35 分鐘　 室溫 2 天，冷凍 2 週

- 燕麥粉 50g（83 頁）
- 香蕉 1 根（100g）
- 雞蛋 2 顆
- 蔓越梅乾 20g（或其他果乾）
- 堅果 30g ＋ 30g
- 甜菊糖 20g
- 肉桂粉 1/2 小匙
- 泡打粉 1/4 小匙
- 香草精 1/4 小匙（可省略）
- 鹽少許

1　將蔓越梅乾放入熱水中（水量要剛好蓋過食材）浸泡 1 分鐘，用廚房紙巾吸乾水分。

　＊蔓越梅乾泡開口感更有嚼勁，覺得麻煩的話也可省略。

2　堅果 30g 放入調理機裡磨碎，剩餘的 30g 切碎。

　＊烤箱預熱 175 度。

3　將香蕉、雞蛋放入調理機中磨碎。

　＊磨碎才會有滑順的口感。

4　燕麥粉、肉桂粉、泡打粉一起過篩後，盛入碗中，再加入②磨碎的堅果、甜菊糖、香草精、鹽和③的材料一起拌勻。

　＊添加磨碎的堅果，用來代替奶油或油的功能。

5　再加入蔓越梅乾、②的切碎堅果拌勻。

6　將麵糊倒入甜甜圈模具至八成高的位置，放入預熱 175 度的烤箱，烤約 15～20 分鐘，用筷子插入中間的部分，不會沾上麵糊即可。

Chapter 4

簡便又扎實的
燕麥果昔碗＆燕麥拿鐵

☑ 早餐　　☑ 點心　　☑ 代餐

跟一般飲料相比，燕麥果昔碗＆燕麥拿鐵最大的特徵就是飽足感維持得比較久。

尤其是燕麥果昔碗，它不是用喝的，而是裝在碗中，

用湯匙舀起來品嚐，有著稠稠的濃度，用來當成一餐完全不會覺得空虛。

再加上滿滿的水果、蔬菜等食材，更是充滿了健康的味道。

「燕麥果昔碗 & 燕麥拿鐵」推薦的燕麥

燕麥果昔碗＆燕麥拿鐵是將燕麥片和材料放入調理機中磨碎製成，因此，
使用任何燕麥片都無妨。

*認識燕麥種類 13 ～ 15 頁／本章使用傳統燕麥片。

製作「燕麥果昔碗 & 燕麥拿鐵」時，要先知道的事

1－ 主要材料之一的低脂牛奶，也可以用等量的豆漿、脫脂牛奶或植物奶如
　　杏仁奶、燕麥奶等代替。
　　* 自製燕麥奶作法 124 頁

2－假使用調理機無法順利磨碎的話，每次加入低脂牛奶 1 大匙卽可。

3－可依個人喜好調整調理機研磨的程度，做成滑順的或是稍微帶點口感的
　　皆宜。

4－燕麥果昔碗的主材料爲冰凍水果（多爲香蕉），可以增添濃度和天然的
　　甜味。

5－製作燕麥果昔碗時，也可以加入各種超級食物、天然的粉材。

6－燕麥果昔碗完成後，再重新冷凍的話，就能像冰淇淋一樣享用。

可直接用來代替牛奶

燕麥奶

400〜450ml

10〜15 分鐘
（＋浸泡 20 分鐘）

冷藏 3〜5 天

- 燕麥片 90〜100g
- 冷礦泉水 4 杯（800ml）
- 阿洛酮糖糖漿 1〜2 大匙（或楓糖漿、龍舌蘭糖漿）
- 香草精 1〜2 滴（可省略）
- 鹽少許

這樣應用

- 直接當飲料
- 燕麥果昔碗或燕麥拿鐵
- 加入燕麥鬆餅麵糊中（96 頁）

1 將燕麥片泡入冷水（額外分量）中，水量要剛好蓋過食材，泡約 10〜20 分鐘，直到燕麥片泡得稍微鼓鼓的為止，用篩子過濾後，沖水洗淨，最後用手將水分擰乾。

2 將擰乾的燕麥片放入調理機中，加入其他材料，攪拌 30 秒〜1 分鐘，盡可能磨到最細，再用篩子將殘渣過濾出來。

  * 如果加入溫水的話，燕麥片很快就會變稠，因此一定要用冷水；攪拌太久的話，燕麥片也會變黏稠，所以最長不要超過 1 分鐘。

3 將瀝出的液體用棉布再過濾一次，並大力擰乾。

 Tip
保存中的燕麥奶在使用前，要充分搖晃均勻後再飲用。

綿密酪梨與苦澀葉菜的相遇

綠色果昔碗

1 人份　　5 ～ 10 分鐘
（＋香蕉冷凍）

* 綠葉甘藍

在綠黃色蔬菜中，β- 胡蘿蔔素含量最高的蔬菜，常用來做成果昔。

- 燕麥片 30g
- 冷凍香蕉 1 根（100g）
- 酪梨 1/2 顆（處理後 50g；或冷凍酪梨）
- 葉菜類蔬菜 30 ～ 40g（羽衣甘藍、菠菜等）
- 低脂牛奶 1/2 杯（100ml，或燕麥奶 124 頁）
- 阿洛酮糖糖漿 1/2 大匙
- 大麻籽（或奇亞籽）1 小匙
- 檸檬汁 1 小匙（可省略）

這樣應用

- 水果
- 堅果類
- 大麻籽或奇亞籽

1 將酪梨切適口大小。

2 將所有材料放入調理機中，攪拌 30 秒～ 1 分鐘。

3 盛入碗中，加入配料攪拌食用。

Tip 酪梨的挑選與處理請見 80 頁

配料 堅果、大麻籽、奇亞籽

滿滿膳食纖維的藍莓清甜風味

紫色果昔碗

1人份　　5～10分鐘
（＋香蕉冷凍）

- 燕麥片 30g
- 冷凍香蕉 1 根（100g）
- 冷凍藍莓 50g（或葡萄、綜合莓果、草莓）
- 大麻籽（或奇亞籽）2 小匙
- 低脂牛奶 1/2 杯（100ml，或燕麥奶 124 頁）
- 檸檬汁 1 小匙（可省略）
- 阿洛酮糖糖漿 1/2 大匙

推薦這些配料！

- 堅果類
- 大麻籽或奇亞籽
- 燕麥奶酥（84 頁）
- 燕麥穀麥（90 頁）

1　將所有材料放入調理機中，攪拌 30
　　秒～1 分鐘。

2　盛入碗中，加入配料攪拌食用。

 配料　香蕉、藍莓、大麻籽

127

清爽柳橙與胡蘿蔔的搭配

橘色果昔碗

1 人份　　5 ～ 10 分鐘
（＋冷凍水果）

配料　柳橙皮（Zest：將柳橙皮橘色的部分削下再切成細屑）

- 燕麥片 30g
- 冷凍柳橙 1/2 顆（或橘子，僅果肉 150g）
- 胡蘿蔔 30g（約 1/7 根）
- 冷凍香蕉 1/2 根（50g）
- 低脂牛奶 1/2 杯（100ml，或燕麥奶 124 頁）
- 阿洛酮糖糖漿 1/2 大匙
- 檸檬汁 1 小匙（可省略）

推薦這些配料！

- 水果
- 堅果類
- 大麻籽或奇亞籽
- 柳橙皮

1　將胡蘿蔔切適口大小。

2　將所有材料放入調理機中，攪拌 30 秒～
　　1 分鐘。

3　盛入碗中，加入配料攪拌食用。

用紅色甜菜凸顯出鮮明色彩

紅色果昔碗

1 人份　　5～10 分鐘
（＋冷凍甜菜、蘋果）

- 燕麥片 30g
- 冷凍綜合莓果 150g（或冷凍草莓、樹莓、藍莓等）
- 冷凍甜菜 40g（或甜菜粉 1/4 小匙）
- 冷凍蘋果 1/2 顆（100g）
- 低脂牛奶 1/2 杯（100ml，或燕麥奶 124 頁）
- 阿洛酮糖糖漿 1/2 ～ 1 大匙

推薦這些配料！

- 水果
- 堅果類
- 大麻籽或奇亞籽
- 燕麥奶酥（84 頁）
- 燕麥穀麥（90 頁）

1　將所有材料放入調理機中，攪拌 30 秒～1 分鐘。

2　盛入碗中，加入配料攪拌食用

配料　杏仁、燕麥穀麥（88 頁）

熱帶水果帶來夏天的味道

黃色果昔碗

 1人份

 5～10 分鐘
（＋冷凍香蕉）

· 燕麥片 30g
· 冷凍香蕉 1 根（100g）
· 冷凍芒果 50g（或冷凍鳳梨）
· 低脂牛奶 1/2 杯（100ml，或燕麥奶 124 頁）
· 大麻籽 1 小匙
· 奇亞籽 1 小匙
· 堅果 10g
· 檸檬汁 1 小匙
· 阿洛酮糖糖漿 1/2 大匙

推薦這些配料！
· 水果
· 堅果類
· 大麻籽或奇亞籽

1 將所有材料放入調理機中，攪拌 30 秒～1 分鐘。

2 盛入碗中，加入配料攪拌食用

配料 芒果、大麻籽

131

不會感到負擔的清爽風味

巧克力果昔碗

1 人份　　5 ～ 10 分鐘（＋冷凍香蕉）

- 燕麥片 30g
- 冷凍香蕉 1 根（100g）
- 固態原味優格 70 ～ 90g
- 無糖可可粉 1/2 小匙
- 阿洛酮糖糖漿 1/2 大匙
- 低脂牛奶 1/2 杯（100ml，或燕麥奶 124 頁）
- 堅果 20g
- 可可粒 1 大匙（可省略）

推薦這些配料！

- 水果
- 堅果類
- 椰子片
- 燕麥奶酥（84 頁）
- 燕麥穀麥（90 頁）

1　將所有材料放入調理機中，攪拌 30
　　秒～ 1 分鐘。

2　盛入碗中，加入配料攪拌食用

Tip

也可以用低脂牛奶 1/2 杯（100ml）來取代。

也可使用等量（1/2 大匙）的一般可可粉來取代，
不過，一般可可粉由於加了糖，可依個人喜好
調整可可粉的分量。

* 可可粒
可可豆經乾燥、發酵、烘炒後，並去除果皮的
產物，帶有特殊的微苦味與香氣。

* 可可粒
可可豆經乾燥、發酵、烘炒
後，並去除果皮的產物，帶
有特殊的微苦味與香氣。

配料 草莓、椰子片、燕麥穀麥

用南瓜增添柔順甜味還有飽足感

燕麥南瓜拿鐵

1 人份　　5 〜 10 分鐘

- 燕麥片 10g
- 煮熟的南瓜 50g（或熟的地瓜、南瓜粉 1/2 大匙）
- 低脂牛奶 1/2 〜 3/4 杯（100 〜 150ml，或燕麥奶 124 頁）
- 阿洛酮糖糖漿 1/2 大匙
- 肉桂粉 少許（可省略）
- 鹽少許

1 將燕麥片放入調理機裡磨碎。

2 低脂牛奶微波加熱 1 分鐘左右。

3 將所有材料放入調理機，攪拌 30 秒〜 1 分鐘。
　＊煮熟的南瓜如果溫度還很高的話，建議冷卻後再放入調理
　機較安全。

Tip

用南瓜粉替代熟南瓜
將材料中的低脂牛奶分量減少 2 〜 3 大匙，步驟 3 不用放入調理機
攪碎，而是將所有材料混合。

煮熟南瓜
將洗淨的南瓜放入微波加熱 2 〜 3 分鐘後，對半切開，用湯匙將中
間的籽挖出，再切成適口大小，放入耐熱容器（或保鮮袋）中，微
波加熱 4 〜 5 分鐘，使南瓜熟透變軟。

＊**南瓜粉**
加入料理中增添南瓜的香氣
與顏色，沒有熟南瓜的話，
也可以替代使用。

穀物和燕麥片的飽足感當成一餐也適合

燕麥黃豆拿鐵

1 人份

5～10 分鐘

- 燕麥片 10g
- 炒黃豆粉 1/2 大匙
- 低脂牛奶 1/2 ～ 3/4 杯（100 ～ 150ml，或燕麥奶 124 頁）
- 阿洛酮糖糖漿 1 大匙
- 鹽少許

1　將燕麥片放入調理機裡磨碎。

2　低脂牛奶微波加熱 1 分鐘左右。

3　將所有材料放入杯中拌勻。

＊炒黃豆粉
比生黃豆粉香氣要來
得更濃郁。

燕麥伯爵茶拿鐵

燕麥綠茶拿鐵

午茶時光的小確幸

燕麥伯爵茶拿鐵

1 人份　5 ～ 10 分鐘

- 燕麥片 10g
- 伯爵茶包 1 個（或其他茶包）
- 低脂牛奶 1/2 ～ 3/4 杯（100 ～ 150ml，或燕麥奶 124 頁）
- 阿洛酮糖糖漿 1 大匙
- 肉桂粉少許

1　將燕麥片放入調理機裡磨碎。

2　低脂牛奶微波加熱 1 分鐘左右，放入茶包浸泡 2 ～ 3 分鐘，再將茶包取出。

3　將磨碎的燕麥片、阿洛酮糖糖漿加入 ② 拌勻，撒上肉桂粉。

選用紅茶類的茶包，會比香草類茶包要來得美味。

微苦綠茶與香濃燕麥片相遇

燕麥綠茶拿鐵

1 人份　5 ～ 10 分鐘

- 燕麥片 10g
- 綠茶粉 1/2 大匙（可依喜好加減）
- 低脂牛奶 1/2 ～ 3/4 杯（100 ～ 150ml，或燕麥奶 124 頁）
- 阿洛酮糖糖漿 1 大匙

1　將燕麥片放入調理機裡磨碎。

2　低脂牛奶微波加熱 1 分鐘左右。

3　將所有材料放入杯中拌勻。

Chapter 5

滑順香醇的
燕麥奶油&醬料

☑ 搭配各種料理

燕麥片也很適合加入搭配各種料理的奶油或醬料中。

特別是西方料理,為了製作濃稠的醬汁或濃湯,

主要會加入奶油炒麵糊(Roux),用燕麥來取代的話,就能兼具柔順香醇與健康。

「燕麥奶油 醬料」推薦的燕麥

製作燕麥奶油如果想要保留一點口感的話，可以使用傳統燕麥片，根據研磨的程度，可以享用到滑順或有嚼勁的口感。

燕麥醬料通常是爲了品嚐其滑順感，因此主要使用燕麥粉，如想要增加口感，可加入有顆粒感的快熟燕麥片。

*認識燕麥種類 13 ～ 15 頁／本章標示燕麥片的地方，就是指傳統燕麥片；使用其他種類的燕麥時，會再另外註明。

製作「燕麥奶油 醬料」時，要先知道的事

1－ 燕麥粉原本的性質就很容易結塊，因此和其他材料一定要仔細拌匀。食譜中的燕麥粉不要一次全部加入，分成 3 ～ 4 次加入，會更容易混合。

2－燕麥粉原本的性質就很容易結塊，因此和其他材料一定要仔細拌匀。食譜中的燕麥粉不要一次全部加入，分成 3 ～ 4 次加入，會更容易混合。

3－燕麥奶油、醬料不建議長久存放，每次製作好就品嚐爲佳。

挑選自己想吃的口味的樂趣

五種燕麥腰果奶油

 各 130～150g

 10～15 分鐘
（＋浸泡腰果）

 冷藏 3～5 天

＊椰子燕麥腰果奶油

- 燕麥片 20g
- 腰果 60g
- 低脂牛奶（或水）3 大匙
- 阿洛酮糖糖漿 1/2 大匙
- 葡萄籽油 1/2 大匙
- 香草精 1/8 小匙（可省略）
- 鹽少許

＊椰子燕麥腰果奶油

- 燕麥片 20g
- 冷凍藍莓 20g（或藍莓）
- 腰果 60g
- 低脂牛奶（或水）3 大匙
- 阿洛酮糖糖漿 1/2 大匙
- 葡萄籽油 1/2 大匙
- 鹽少許

＊椰子燕麥腰果奶油

- 燕麥片 20g
- 黑芝麻 1 小匙
- 腰果 60g
- 低脂牛奶（或水）3 大匙
- 阿洛酮糖糖漿 1/4 大匙
- 葡萄籽油 1/2 大匙
- 鹽少許

＊南瓜燕麥腰果奶油

- 燕麥片 20g
- 煮熟的南瓜 30g
- 腰果 60g
- 低脂牛奶（或水）4～5 大匙
- 阿洛酮糖糖漿 1/2 大匙
- 葡萄籽油 1/2 大匙
- 鹽少許

＊椰子燕麥腰果奶油

- 燕麥片 20g
- 椰子絲 20～30g
- 腰果 60g
- 低脂牛奶（或水）5～6 大匙
- 阿洛酮糖糖漿 1/4 大匙
- 椰子油（或葡萄籽油）1 大匙
- 鹽少許

這樣更好吃

抹在清淡風味的麵包上

椰子燕麥腰果奶油

藍莓燕麥腰果奶油

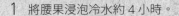

1　將腰果浸泡冷水約 4 小時。

2　過篩瀝乾水分。

3　將要做的腰果奶油材料放入調理機中磨
碎。

　　‧ 如果不容易磨碎的話，可以一點一點慢慢
　　加入低脂牛奶，不過，最多不要超過 2 大匙。

這樣更好吃

‧ 抹在麵包、餅乾上
‧ 當作固態原味優格的配料
‧ 隔夜燕麥、燕麥粥的配料
‧ 稍微冰凍後像冰淇淋一樣

Tip
剛做好後雖然有點稀，但存放之後就會漸漸變得濃
稠綿密。保存過後，如果想吃稀一點的話，可以加
入少許低脂牛奶。

南瓜燕麥腰果奶油

黑芝麻燕麥腰果奶油

燕麥腰果奶油

這樣更好吃　抹在餅乾上

143

撲鼻而來的清爽感

燕麥柚子檸檬醬

 約 100ml　 10 ～ 15 分鐘　 冷藏 3 ～ 5 天

- 燕麥粉 5g（83 頁）
- 水 1/2 杯（100ml）
- 柚子醬 2 大匙（或其他糖漬水果）
- 檸檬汁 1/8 小匙
- 阿洛酮糖糖漿 1/2 大匙
- 鹽 1/8 小匙

這樣更好吃

- 炸豬排、炸魚等的沾醬
- 煎餃沾醬
- 沙拉醬

1 將水倒入鍋中，以中火煮滾後，將燕麥粉分 3
　次倒入。

2 爲了不使燕麥粉結塊，一邊要用攪拌器持續攪
　拌，約 3 ～ 5 分鐘。

3 放入其餘的材料，以中火煮 5 ～ 7 分鐘，直到
　變得濃稠，舀起來會緩緩滴落的濃度爲止。
　* 剛做好後雖然有點稀，但存放之後就會漸漸變得濃
　稠綿密。

加入洋蔥消除油膩感的奶油醬

燕麥洋蔥醬

250～300ml　20～30分鐘

- 燕麥粉 10g（83頁）
- 葡萄籽油（或奶油）1大匙
- 洋蔥末 1/4顆（50g）
- 蒜末 1大匙
- 低脂牛奶 1/2杯（100ml）
- 水 1/2杯（100ml）
- 鹽 1/2小匙
- 胡椒粒磨碎少許

1　將葡萄籽油倒入鍋中，以小火熱鍋。

2　將燕麥粉分3次加入①的鍋中，以中火煮2～5分鐘，為了不使燕麥粉結塊，一邊要持續攪拌，直到變成重奶油狀態為止。

3　放入洋蔥末、蒜末、低脂牛奶、水，用大火煮滾後，再轉成中火，邊攪拌邊煮10～15分鐘，直到變濃稠為止。

4　轉小火，加入鹽、胡椒調味，再邊攪拌邊煮3～5分鐘，完成後冷卻備用。

這樣更好吃

- 炸物沾醬
- 奶油醬義大利麵醬汁
- 奶油醬燉飯醬汁
- 沾麵包吃

健康的鹹甜味組合

燕麥豬排醬

250～300ml　25～30 分鐘　冷藏 3～5 天

這樣更好吃

· 炸物沾醬
· 放在披薩起司絲上，做成焗烤

· 燕麥粉 10g（83 頁）
· 葡萄籽油（或奶油）1～2 大匙
· 蒜末 1/3 大匙
· 水 1 又 1/4 杯（250ml）
· 釀造醬油 1 大匙
· 醋 1/2 大匙
· 番茄醬 1 大匙
· 阿洛酮糖糖漿 1 大匙
· 胡椒粒少許
· 芝麻粒少許

1　將葡萄籽油倒入鍋中，以小火熱鍋。

2　將燕麥粉分 3 次加入①的鍋中，以中火煮 2～5 分鐘，為了不使燕麥粉結塊，一邊要持續攪拌，直到變成重奶油狀態為止。

3　放入蒜末拌炒 20～30 秒，再加入水、釀造醬油、醋、番茄醬、阿洛酮糖糖漿、胡椒粒。

4　用大火煮滾後，轉成中火，邊攪拌邊煮 10～13 分鐘，直到變成濃稠為止。

5　轉小火燜蒸一下子，最後撒上芝麻粒。

Tip
在步驟 3 中增加韓式辣椒醬 1 大匙，就能做成辣味來品嚐。

這樣更好吃
也可以加入少許的香菇、洋蔥、甜椒等蔬菜，將蔬菜切成細絲，於步驟 3 中和蒜末一起拌炒。

149

清爽又香醇

燕麥包飯醬

80～100ml　　5～10 分鐘　　冷藏 1 個月

- 快熟燕麥片 1 大匙
- 燕麥粉 2 大匙（83 頁）
- 蒜末 1/4 小匙
- 大醬 1 大匙（可依鹹度加減）
- 韓式辣椒醬 1 小匙
- 荏胡麻油（或芝麻油）1 小匙

* **快熟燕麥片**
口感比傳統燕麥片軟，比燕麥粉
粗糙，屬於中間程度的燕麥片，
詳細說明請見 15 頁。

1　將所有材料放入碗中拌勻。

　　* 將快熟燕麥片放入熱好的鍋中，稍微拌炒過後，能吃
到更酥脆的口感。

這樣更好吃

- 水煮豬肉、韓式菜包肉的包飯醬
- 蔬菜棒的沾醬
- 韓式菜包飯的包飯醬
- 燕麥粥的調味用

更多變化享用
燕麥的方法

除了前面所介紹的隔夜燕麥、粥、
烘焙、果昔碗與拿鐵、醬料之外，
燕麥片還有無窮無盡的變化。

◤ 沙拉＋燕麥

碗裡裝了切成適口大小的當季水果或蔬
菜、固態原味優格，再淋上少許橄欖油，
最後撒上燕麥片便完成。不只有咀嚼的口
感，更補足了只吃水果沒有的飽足感。

* 推薦燕麥片
顆粒小的快熟燕麥片、燕麥粉

◄ 炒蛋＋燕麥

將雞蛋和燕麥片拌勻後，做成炒蛋，試著
增添口感和飽足感吧。也可以搭配簡單沙
拉，用來補充膳食纖維。

* 推薦燕麥片
顆粒小的快熟燕麥片、燕麥粉

⬅ 炒飯＋燕麥

將冰箱裡所有的食材和雞胸肉、白飯，加入鹹鹹的醬油調味料一起做成炒飯時，再加入燕麥片吧。這個時候，白飯的分量要減少，再增加等量的燕麥片便完成。

＊推薦燕麥片
顆粒小的快熟燕麥片、燕麥粉

↙ 豆腐碗＋燕麥

將豆腐切碎，做成像固態原味優格一般，再用檸檬汁增添味道吧。最後加上燕麥片、堅果、各種水果、蔬菜等當成配料，完成！

＊推薦燕麥片
顆粒小的快熟燕麥片、燕麥粉

嚴選整顆燕麥
完整熟化碾製

 澳洲燕麥粒
Australian Oats

 無添加糖
No Sugar Added

 原味
Original Flavor

 高纖
High Dietary Fiber

 無添加香料
No Artificial Flavors Added

 即沖即食
Instant Meal

✓ 可促進腸道蠕動　✓ 維持消化道機能　✓ 促進新陳代謝

馬玉山高纖大燕麥片，嚴選來自澳洲的天然燕麥粒，經蒸煮熟化、碾壓乾燥，製成全粒大燕麥片，呈現燕麥最原始的口感、色澤及香氣。不添加糖、香料、防腐劑及人工色素，完整保留燕麥的營養成分，所含的水溶性膳食纖維 β- 葡聚醣 (β-Glucan)，可促進腸道蠕動及增加飽足感，給全家人最完善的營養。

全聯、家樂福、大潤發、愛買、台糖、楓康、頂好、寶雅、佳瑪、美華泰、喜互惠、統冠、小北、美廉社等全台各大量販及超市均售

馬玉山食品工業股份有限公司 ｜ 813台灣高雄市左營區民族一路709號 ｜ (07)-3827879

![高寶書版集團] 高寶書版集團
gobooks.com.tw

CI 148
好想吃喔！燕麥美味新吃法
有鹹有甜還有零食！怎麼都吃不膩的70道料理

作　　者	朴泫柱 PARK HYUN JOO
譯　　者	黃薇之
責任編輯	吳珮旻
校　　對	鄭淇丰
封面設計	林政嘉
內頁編排	賴姵均
企　　劃	何嘉雯

發 行 人	朱凱蕾
出　　版	英屬維京群島商高寶國際有限公司台灣分公司
	Global Group Holdings, Ltd.
地　　址	台北市內湖區洲子街88號3樓
網　　址	gobooks.com.tw
電　　話	（02）27992788
電子信箱	readers@gobooks.com.tw（讀者服務部）
	pr@gobooks.com.tw（公關諮詢部）
傳　　真	出版部（02）27990909
	行銷部（02）27993088
郵政劃撥	19394552
戶　　名	英屬維京群島商高寶國際有限公司台灣分公司
發　　行	英屬維京群島商高寶國際有限公司台灣分公司
初版日期	2020 年 11 月

오! 이렇게 다양한 오트밀 요리: 아침부터 저녁까지, 건강하고 맛있는 오트밀요리 70여 가지
Copyright © 2020 by PARK HYUN JOO
All rights reserved.
Original Korean edition published by Recipe factory.
Chinese(complex) Translation rights arranged with Recipe factory.
Chinese(complex) Translation Copyright © 2020 by GLOBAL GROUP HOLDING LTD.Through
M.J. Agency, in Taipei.

國家圖書館出版品預行編目(CIP)資料

好想吃喔!燕麥美味新吃法:有鹹有甜還有零食!怎麼都吃不
膩的70道料理 /朴泫柱著；黃薇之譯. -- 初版. -- 臺北市:高
寶國際出版:高寶國際發行, 2020.11
　　面；　公分. --

ISBN 978-986-361-927-7（平裝）
1.食譜

427.1　　　　　　　　　　　　　　109016171